The Fusion of Wine, Spirits and Civilizations

酒中的文明

丁学良 著

北京大学出版社
PEKING UNIVERSITY PRESS

图书在版编目（CIP）数据

酒中的文明 / 丁学良著 . — 北京：北京大学出版社，2023.9
ISBN 978-7-301-31255-1

Ⅰ.①酒…　Ⅱ.①丁…　Ⅲ.①酒文化－世界　Ⅳ.①TS971.22

中国版本图书馆 CIP 数据核字（2020）第 023180 号

书　　名	酒中的文明 JIU ZHONG DE WENMING
著作责任者	丁学良　著
策　　划	周雁翎
责任编辑	张亚如
标准书号	ISBN 978-7-301-31255-1
出版发行	北京大学出版社
地　　址	北京市海淀区成府路205号　100871
网　　址	http://www.pup.cn　　新浪微博：@ 北京大学出版社
微信公众号	通识书苑（微信号：sartspku）　科学元典（微信号：kexueyuandian）
电子邮箱	编辑部 jyzx@pup.cn　　总编室 zpup@pup.cn
电　　话	邮购部 010-62752015　发行部 010-62750672　编辑部 010-62753056
印 刷 者	北京中科印刷有限公司
经 销 者	新华书店 650 毫米 ×980 毫米　16 开本　23.75 印张　200 千字 2023 年 9 月第 1 版　2023 年 9 月第 1 次印刷
定　　价	88.00元

献　辞

谨以这本小书纪念笔者平生幸遇的三大恩师之一马若德教授（Roderick MacFarquhar，国内亦音译其名为“麦克法夸尔”；1930年12月2日出生，2019年2月10日去世）。

本书上篇成稿之时的2019年2月12日北京时间上午10点20分，笔者从一个美国华人微信群里转发来的短信获知马若德教授刚刚逝世——因为美国东部和中国时差的缘故——的噩耗，当即决定将本书作为对他的缅怀之作。但这两个时间点上的重合并非笔者这么做的唯一考量，至少还有两大更充分的理由。最重要的是，马若德教授是引我进哈佛大学绛红大门的人；其次，他也是第一位教我怎样品尝西方葡萄酒的人。个中细节大部分记载于笔者的《我读天下无字书》（北京大学出版社2011年5月第1版；2016年7月增订版），本书里有增补的细节。

在东南亚大湄公河地区做实地考察期间，于最偏僻处意外觅得正宗法国美酒

目　录

中篇 小小寰球，有几处美酒可觅？ / 101

自　序

这本书讲的不是什么？

笔者一共在海内外出版了中文、英文、日文（由日本学者翻译自中文）、韩文（由韩国学者翻译自中文）图书共计十五种——若是算上增订版便是十七种。虽然这些书的主题和风格各各有别，却有两个特征是首尾一贯的：首先，它们都是笔者一人撰写、单独署名的①；其次，它们

① 笔者这种个体户式的文字生产和发表习惯，其实是相当傻气的。至少美国自二十世纪八十年代中期以来、中国自二十世纪九十年代后期以来，对大学里教员们的学术成果的评鉴体系，基本上是朝着“计件工资”的方向迈进的。这就引导和迫使教员们尤其是年轻一辈想尽办法以增加产出，而几个人抱团发表论文、出版论著就是最标准的招数。笔者几年前服务于东亚区域的大学教职评鉴委员会的过程中，常常看到有些被评审人的一大串出版物目录里面，绝大多数皆是抱团署名，而每一篇论文就是那么短短的几页到十几页。这种花招大概是从三四流的美国大学里形成风气的，随后蔓延到其他国家。在第一流的美国大学里，这种招数很难变成标准模式，因为那里更强调出版物的质量和专业影响力。即便在有些专业领域里，比如实验心理学，合作研究、集体发表成果是迫不得已，那在计算每个作者的产出时，也应该采取篇数和页数除以作者人数的人均方法。这个问题笔者早年在介绍美国大学里的学术评审体制的时候，还是一个被忽视的关键环节，因为早些年间这个问题还没有演化到那么严重的地步（参阅丁学良：《什么是世界一流大学？》，北京大学出版社，2004年，第103—136页）。

的序言（或前言）都是笔者自撰的，从来没有劳驾过别人[①]。之所以几十年里笔者在国内国外于不同的大学或研究机构任教员或研究员，却始终保持上述的两大特征，根本原因是笔者在写书出书这件事上，观念极其保守而且冥顽不化——写作时不可以做出太多的勉强。倘若几个人合作一本书，你就无法做到每一字每一句完全由你一个人定夺，磨合几圈下来，成稿的文字就变成现在绝大多数餐厅提供的菜肴那般“南北合流、国际口味”。出书时劳驾别人撰写序言，往往太为难别人了。你请别人撰写序言，总归是抱着请人为你的作品“鼓与呼”的期待。别人若是欲达标，你的书就要货真价实；别人若是不达标，你和此人的友情恐怕就岌岌乎危哉。想到这些关卡，笔者就早早打消了惊动别人为自己的作品撰写序言的念头。

---

① 若是除去为两部英文世界名著的中文译本撰写导读外（“导读”的性质有别于“序言”，是研究者为一个专门课题所提供的学术背景评论），笔者迄今为止，只为一名作者的图书撰写过一篇序言，那是出于对这位作者写作水平的欣赏和坚定信念的敬意。有好几位华人作者因为笔者婉拒为其书作序而大伤感情，借此机会道一声歉。笔者已经在专栏评论《从学术文章撤稿看学术规范“易摔跟头之处”》一文中，系统且耐心地解释了为什么不轻易替人写推荐信——特别是向国际上著名的大学和研究机构做推荐——的复杂原因，那是引发更多误解的一大纠结。

自己为自己的书撰写序言或前言的一大好处，是具备深入浅出的必要条件——你已经把书写出来了，当然深深地理解该书的底蕴。接着你再把该书的“龙睛”点出来，当然你就能够老马识途、一步到位。笔者此时此刻正处于这样的状态，可以画龙点睛了。不过，笔者首先要向读者诸君交代清楚的是，你们面前的这本书讲的不是什么，然后再进一步交代清楚的是，这本书讲的是什么。

第一，这本书讲的不是如何酿造酒。酿造酒——不论是何种酒，只要你认认真真地酿造它——既是一个工业的过程，也是一个艺术的过程，所以既包含着标准化的操作环节，也包含着“天晓得”的不可控因素。这类工艺过程不是笔者的专长。笔者曾经亲手酿造过高品质的糯米酒，即四川人称为“醪糟”的那种甜酒酿子；也曾经跟着澳大利亚的伙伴们学习酿造原生态啤酒，尽管不成功；也曾经与在沙特阿拉伯工作的前大学同事交流过如何利用合法商品软饮作为原材料，去酿造土葡萄酒甚至白兰地酒，因为所有含酒精的饮品一律是该王国严厉禁止的，“瘾酒者”只好私下偷偷酿造；也曾经拜访过中国白酒行业最著名的几大厂家，向老师傅讨教酿酒程序中最难把握的技巧。

老实说来，笔者之所以无意于将本书写成一本酿酒引导教材，因为假如按照高标准严要求，本人的工艺技巧远不足以训练他人去酿制美酒；而假如是传授一些普普通通的酿酒知识，读者则完全可以翻阅一两册专业的参考书，那些书里就包含酿酒的基本指引。比如笔者三十余年前请中国赴美国的熟人捎带给本人的几册饮食类读物里，有一册内容很地道可靠，我一直保留着舍不得丢弃或送人，其中就有对几大类酒的科技简释：中国的“白酒是世界蒸馏酒中独具一格的酒类。白酒虽品种繁多，风格各异，但有其共同特点。主要是：白酒是以谷物及农副产品为原料的高酒精度（三十度以上）的蒸馏酒；糖化与发酵同时交叉进行的复式发酵法生产的酒；并经贮存、勾兑，形成了自己的独特风格；许多著名白酒品种，成为举世无双的珍品，是我国劳动人民对世界的杰出贡献”[①]。随后是一长串食品工业专业术语，外加一长串食用酒精的化学反应公式。笔者并不是要延续写作这样的工艺书籍，本书里面凡是简略提及酿酒工艺的地方，都是为了说明某一种酒的历史文化渊源。

① 李廷芝主编《简明中国烹饪辞典》，山西经济出版社，1987，第669—672页。

第二，这本书讲的也不是如何投资酒产品或酒庄园发财致富。笔者最早听到葡萄酒也能成为金融市场上投资回报率可观的产品，是在1986—1987年间，那时笔者的同学兼书友（特爱驱车几百里去买二手书、旧版书、绝版书的挚友）邹大彬和他的夫人住在哈佛大学商学院一位名教授莱宾斯坦（Harvey Leibenstein）[①]的别墅里，从这位又有钱又爱饮葡萄酒又懂金融市场的犹太裔资深学者那儿获悉，美国好几位著名的经济学家都是国际葡萄酒市场上的投资能手，历年来，赚取的平均利润不下于投资其他紧俏产品的回报。又过了十来年，笔者在香港清水湾畔任教时的办公室邻居、美国西北大学经济系毕业的朱天挚友（既非书友也非牌友——他是一路赢的打牌高手）虽然不懂酒，然深知投资行业，便给我讲解：他的博士论文的几位指导教

---

① 莱宾斯坦的大作包括 *Inside the Firm: the Inefficiencies of Hierarchy*（Cambridge: Harvard University Press, 1987）。据他说，此书的书名是笔者的恩师丹尼尔·贝尔教授建议的。这部名著不但在管理学领域很有影响，也是我们做社会学和政治学的博士生们认真研读的参考书。当今中国各界都强调要把“中国制造”提升为“中国创造”，更应该把这部名著作为决策体系成员的教科书。他的另一部著作也广受社会科学多学科研究者和读者的认可：*Beyond Economic Man: a new foundation for microeconomics*（Cambridge: Harvard University Press, 1976）。

授中，就有这方面的研究者，曾发表过文章，比较投资葡萄酒期货和投资其他大宗商品期货之间的回报率和风险的异同。可惜笔者一直没工夫研读这类研究报告，不知是祸是福。

投资有历史传承的葡萄酒庄园到了二十世纪晚期蔚然成风，法国当代知名演员杰拉尔·德帕迪约（他演的《大鼻子情圣》笔者看过至少七遍，这老兄后来一气之下入了俄罗斯籍，因为法国个人所得税税率高得吓人）把他赚的大把银子投资于法国的老产酒区酒庄园，带动了好多位演艺界人士做出相同的选择。二十一世纪初的几年，中国的新富豪们也纷纷拍出巨款成批收购欧洲的中小型酒庄园，尤其是遭遇金融海啸严重冲击的地区，一直闹到有些产酒区兴起护国护酒庄运动，呼吁立法限制外国商家收购本国的知名酒庄园，因为那是本国的物质文明和精神文明不可分割的有机部分。如果笔者也曾有过这样的商场操作经历，把本书写成海外葡萄酒庄园或葡萄酒期货的投资指南，那一定是本畅销书；可惜笔者无此实践背景，也就免了这个金色的写作念头。

第三，这本书讲的那些酒事更不是为特定品牌的酒做

商业广告。虽然笔者对中国酒外国酒、对各种类型的发酵酒和蒸馏酒都有日常不懈的品尝，每年品尝的酒若按商标品牌计算有两三百种之多之杂，但本书中凡是提及的自己所偏好的那些酒，依据的全然是亲自鉴赏之后的喜好，完全不受商家的推销鼓噪影响。老实说来，笔者为了考验和修炼自己的鉴赏功力，更多的时候是坚持“盲评”。每当有人馈赠一瓶佳酿，笔者都请对方置于纸袋里，既不要让我看到瓶上的商标，也不要透露其实际价格，待本人细心品尝后再敞开纸袋予以验证乃至量化打分。对于中国烈性白酒，也是若有机会，就既不看包装也不问价钱，先喝了再说话，实因二十世纪九十年代初期以降，绝大多数国产酒的商标、广告和标价，泡沫太多，饮者们万万不能盲目跟风、照单全收。

笔者也并不是从来没有考虑过充任兼职的美酒推荐师，最早身边有同事提出这种可能的是1996—1998年在澳大利亚国立大学亚太研究院做专职研究员期间，在每周五下午的“花园研讨会”这类亦庄亦谐的场合。[①] 不过若是真做这

① 丁学良:《我读天下无字书（增订版）》，北京大学出版社，2016，第113—134页。

样的推荐工作，那也是为澳大利亚葡萄酒整体代言，而非专为哪家公司的特定产品。遗憾的是，澳大利亚外贸机构并没有把这件事续接过去（这类政府官员或前官员常有在该所大学兼职或进修的），大概是他们觉得本国的优质葡萄酒已经是名满天下、常常供不应求，用不着再聘请推荐师了。笔者离开堪培拉市几年后，在香港的一次亚太区域经济合作会议上，遇到澳大利亚总领事馆的资深官员，向他提及笔者以志愿义工的热情向广大中国饮者圈子持续推介澳大利亚葡萄酒的所作所为，这位老兄真诚地连叫三声“非常感谢”，也就罢了。这是典型的澳大利亚人风格，朴实厚道加死板。

过了几年又碰上一次机会，接近于能够为自己特别喜爱的葡萄酒当兼职推荐师。大约是在 1999 年下半年，笔者结识了一位从事军事社会学研究的意大利学者，他任职于该国的海军军事学院。他请我去欧洲开会，后来他又到亚洲来做实地调研，交往几回，与我结下朴实的友情。他肠胃做过手术，不可以饮酒，却出生成长在地球上最古老最有特色的产酒地区之一，地中海的西西里岛。为了筹划一个电视纪录片节目，我多次向他倾诉对亚平宁半岛及其周边古老的小酒庄五花八门葡萄酒的热爱，尤其赞赏他故乡的红葡萄酒，而这些小酒庄小品牌的特色液体，在亚洲很少有商家进货行销。这位海军军事学院教授把与我的交往告诉给家乡的朋友，这些朋友听说在遥远的中国香港九龙半岛上，还有一个中国人对他们地中海宝岛的小酒庄特色佳酿那么心仪，既觉惊讶又感自豪，立马挑选了西西里岛的一箱十二瓶各各有别的葡萄酒，委托这位教授寄给我免费享用。这一举措展现出最典型的西西里岛哥儿们的豪爽侠义，令我半夜里止不住爬起来跑到办公室里再观赏一遍《教父》三部曲。[①]可是要常规性地为西西里岛的佳酿在中国市场做推介，那就得注册一个公司，否则与西西里岛的来来往往就违反了香港的海关法规，即便香港是一个自由港和国际贸易中心。一想到这层麻烦，我就罢了手。这正应了《红楼梦》里的那句戏言——真是个银样镴枪头！来真

---

① 西西里岛民众的冲天侠义之气，与该岛的地理位置在环地中海国际贸易链上至关重要密切相关。千百年来，这个不大的海岛一直是周边强权争夺的“肥肉”，而岛上的居民却一直竭力把自己的命运掌控在自己的手里，不管是凭借何种手段。（参阅伏尔泰:《风俗论（上册）》，梁守锵译，商务印书馆,1994，第526—545页；伏尔泰:《风俗论（中册）》，梁守锵等译，商务印书馆，1997，第75—83页。）

的“下海”就畏怯了。

以上说了三通否定式的宣示“本书讲的不是什么”，那肯定式的宣示“本书讲的又是什么”呢？笔者试以一言以蔽之再做阐释：本书是笔者以饮者本体论的宗旨，讲述文明中的酒和酒中的文明。这里的文明是广义的，既包含物质文明，也包含精神文明；既包含世俗的文明元素，也包含超凡的（transcendental）文明元素；当然既包含华夏文明，也包含异域文明。然而，本书立足于文明与酒的层层脉脉交融，主要不是以文献考证、文本援引的方式写就。在信息资料搜索技术日新月异的当今时代，任何肯用功的作者只要长于网上寻觅，佐以一两门外语技能，就能够不日堆字成山、推出厚册几卷；这样的书卷考证资料汇集也是有其必要性的，因为这类出版物有益于中等高等教学参考、工商业行销操作、媒体专栏、观光项目，等等。[①]跟以上出版物不同，本书的写作风格是“过来人自开讲”，自己讲自己的故事：所有关于文明中的酒和酒中的文明的人物事物圣物，除了有

① 比如，像宫崎正胜著、陈柏瑶译的《酒杯里的世界史》（中信出版集团，2018）这本小册子，若是内容再扩充数倍，也是挺有用的。

些遥远时期的掌故只能依赖前人的史料或传承的文物，都尽可能以笔者本人的亲身经历为主轴线。这种小人物讲小故事以展现大千世界的方式，颇有些像纪念邮票的构思作图，纳天地于方寸之间。[①] 所以这本小书里有人生、有家族、有乡土、有社区、有地域、有民族、有国家、有世界；有初级高级文化成分、有社会变迁元素、有小人物碰上大时代的因缘、有大人物震撼小人物的奇遇。简言之，有包括泪、血、酒在内的各种液体交流激荡的一派混沌天地，其中自然有庄严也有诙谐，有沉重也有潇洒，有睿智也有荒谬。为了竭力保留这一切原生态的经历和心意，本书坚持以口述的方式呈现，后面的正文不再像这篇序言，处处注明资料出处。

① 研究中国古代绘画的西方学者高居翰（James Cahill）在其名著 *The Compelling Image*（Cambridge: Harvard University Press, 1982），力推这一主旨："美术史的研究要联系文化史及思想史的广阔天地，要成为整体性研究过去文化遗产的一门学问…… 企图具体呈现明清绘画在广阔的文化史层面的意义 …… 主要就是重申联系画风与其他社会现实。"（郑培凯:《明末清初的绘画与中国思想文化——评高居翰的〈气势撼人〉》,《九州学刊》1986 年第 1 期。）。把这里的绘画置换成纪念邮票或酒的故事，道理是相通的。

致　谢

这本小书的辑成和出版，为笔者与北京大学出版社几位资深编辑的相约相诺作了一个虽然不是完美无缺但还算舒心开怀的结局。早在2004年夏秋之交，当笔者的一本部分内容涉及酒的社会史小书在海外出版之后不久，周雁翎博士就建议出一本类似题材专门谈酒的书。没过多久，周博士的两位同仁，也是笔者另两本书的责任编辑姚成龙编审和刘军博士，提出同样的建议。周博士往后每年与笔者碰面，都会礼貌而执着地督促我把相关的酒文字整理成集。如此叮嘱，到如今已经整整十五年了，我才交稿，而且还不是涵括所有理应容纳在内的故事之全本。那些暂时不能收集进来的酒故事，只好留待本书出续集了；笔者打算，续集也会交给北京大学出版社出版。我在国内出的几本书，无论是文字编辑还是封面设计，都以该出版社的产品为最佳。他们是文人编书出书，和作者一样，内心里是珍惜文字的。像他们这样把出版工作当作“志业”（The Calling—— 此乃韦伯宗教文化社会学里的至上术语）的人，眼下是越来越不容易碰上了。负责编辑本文集的张亚如女士，得到出版社的高度信任，来着手这份苦差，希望她不会感到枯燥无味 —— 如果她本人不是爱酒者的话。

这本拖延了十五年的书稿最终能够在不算太晚之时完成，笔者要特别对深圳大学校方致以礼敬。经由许蔓女士等几位武汉大学经济学本科毕业、赴西方著名大学获得博士学位、而后回到深圳大学从事研究和教学的中青年同仁们的大力推荐，我从 2011 年开始，被时任深圳大学校长、红楼梦研究专家章必功教授聘请为该校“高等经济研究中心”的顾问之一。从 2013 年 7 月开始，被新任校长、著名地学专家李清泉教授聘请为由这个中心改建成的“中国海外利益研究中心”的首席学术指导。尤其令本人感激至深的是，李清泉校长从 2018 年 10 月起，授予我深圳大学特聘教授的职称并让我主持协调“中国海外利益研究院”的学术工作。校党委书记刘洪一教授与我早就有过共同感兴趣的研究项目的交流，他是国内少数几位多年以前就着力研究犹太文化的学者。时任深圳大学副校长的李凤亮教授和阮双琛教授，现任副校长的徐晨教授和学校诸部门的负责人姜安教授、田启波教授、陈智民教授以及他们的同事王瑜女士、任强先生，都给予我强劲和周全的支持。正是得益于这一切，我才能够利用暑假和寒假时间，加紧将本文集完工。

我在深圳大学参与的首要学术项目，是与“一带一路”倡议相关的区域研究和考察。经过两年来的文献梳理，发现迄今关于丝绸之路的出版物里欠缺了极有意思的一块，那就是几大古老文明之间互动也包含的酿酒技术交流。这种“视酒不见”在国内那本流传极广的大部头《丝绸之路：一部全新的世界史》[①] 里显得尤其怪异：它把很多和丝绸之路只有皮毛关系，甚至无甚关联的众多事件包纳在内——只要是发生在曾经有过丝绸贸易地带的政治、经济、军事、外交、宗教、矿物、粮食等的来来往往的人事、物事、神事——不加区分、一览无余，就是没说到酒事。换言之，这本大部头的英文书名是复数的“丝绸之路”（The Silk Roads），定位的是一部世界史，却偏偏弃酒于外。其实，

① Peter Frankopan, *The Silk Roads: A New History of the World*；高品质的中译本由浙江大学出版社于2016年出版发行。

古代世界只要发生过重复交往的地区之间，多半都发生过酒艺酒事的流转。[①] 比如，在那本关于地中海文明通史的杰出著作《伟大的海：地中海人类史》里，作者大卫·阿布拉菲亚（David Abulafia）依据确实的考古器物和历史资料，频繁提及几千年时间跨度里，人类文明的中心区域之一地中海及其沿岸的诸多古代部落、社会或城邦之间，酒及酒具一直是文化交流和商业贸易的重要内容：约公元前2500年至公元前2300年的特洛伊第二文化层期间，特洛伊人生产的修长的高脚酒杯已经颇为著名；“与此同时，装有油或酒的大型陶罐从遥远的基克拉泽斯群岛被运到商业中心特洛伊城”。在东地中海交通枢纽克里特岛，毁于火灾和地震的王宫建筑层里，近现代考古挖掘在 Vat Room（容器室）内，发现“有一些出自约公元前1900年的精美的高脚酒杯和人工制品，它们可能被用于宗教仪式”。在公元前十四世纪的迈锡尼聚落遗址，发掘出的武士阶层的“随葬品中不仅有武器，还有金银制成的高脚酒杯”。公元

① N. G. L. Hammond 的经典之作 *A History of Greece to 322 B. C.* 里频繁提及；该著已出版中译本：N. G. L. 哈蒙德：《希腊史：迄至公元前322年》，朱龙华译，商务印书馆，2016。

前十二世纪，腓利士人的移居地 Tell Qasile（今特拉维夫）已经成为酒和油的农业贸易中心。约公元前 1200 年用于中长距离贸易的大船，可以载重四十五吨的货物。后来的考古学家在两艘沉船里“发现了八百个载酒的双耳陶罐，它们的装载量（如果陶罐都装满酒的话）高达二十二吨”。该著作上卷第 18 幅彩色插图精美雅致，图下的说明是：“公元前六世纪晚期的一个以黑色图案装饰的兑酒器，由雅典艺术家埃克斯基阿斯制作完成，后被出口至伊特鲁里亚的乌尔奇，它出土于那里的一座坟墓。它是一盏浅酒杯，上面的图案描绘的是酒神狄奥尼索斯在被伊特鲁里亚海盗抓捕后，将海盗们变成海豚的故事”。

我在中国多家省级博物馆里，观赏过西汉王朝的贵族漆器酒盏，与古代雅典的这款兑酒器有明显的相似之处。[①] 古代文明中心区域和周边的中长途贸易往来——包括几条丝绸之路——肯定涉及酒和酒具的流传，否则我们就没办法解释诗仙兼酒仙李太白的诸多名篇，比如《前有樽酒行

① 大卫·阿布拉菲亚：《伟大的海：地中海人类史（上卷）》，社会科学文献出版社，2018，第 24—95 页。徐家玲等译者保留了所有的重要地名、人名和文物名的英文原文，极有利于读者对照检索。

公元前六世纪晚期的一个以黑色图案装饰的兑酒器，由雅典艺术家埃克斯基阿斯制作完成。它是一盏浅酒杯，上面的图案描绘的是酒神狄奥尼索斯在被伊特鲁里亚海盗抓捕后，将海盗们变成海豚的故事。

二首（其二）》:“琴奏龙门之绿桐，玉壶美酒清若空。催弦拂柱与君饮，看朱成碧颜始红。胡姬貌如花，当垆笑春风。笑春风，舞罗衣。君今不醉将安归？”[①] 胡姬入中土大唐，胡酒难道不与其相随？胡姬由长安返故乡，唐酒难道不伴其归去？

我在中国周边区域做实地调研的二十多年间多次获悉，东亚稻米产地将米酒精制方法向四面八方的传播就很值得考究，其中一条故事的主线是：原本属于明朝被保护小邦的琉球岛首先得了华夏中原的酿酒技巧，由此地再往日本列岛传播；另一条传播途径是通过环渤海湾的海陆两路，经由朝鲜半岛辐射至日本列岛。在我为深圳大学“中国海外利益研究院”筹划的有关“一带一路”网上教学课程搜集的课外阅读资料里，以及为深圳大学和深圳海天出版社的合作翻译出版项目建议书单中，都标示有关于东亚文明圈内各方国互动进程中有关酒的元素。

这本书能够出版，笔者还要深深感谢原深圳报业集团《游遍天下》杂志社总编辑徐茜、执行主编刘明明（现为

---

① 《李白集校注》，瞿蜕园、朱金城校注，上海古籍出版社，2016，第303页。

深圳市玲珑时空文化创意有限公司的创始人和主管）、资深编辑兰馨月三位女士。她们经手的这份图文并茂的刊物从2012年9月号启始，每期刊登笔者的酒故事专栏，一直延续到2014年11—12月的双月合刊号最后一期——本书的基本结构便来自该系列，只是内容篇幅大有扩充；当时就计划好为本书出版做预演。每月约稿日之前几天，兰馨月都要与笔者简要商讨一下当期专栏的故事元素，几天后笔者就通过长途电话口述，兰女士录音整理成初稿，笔者修订成文，兰女士同时寻索匹配的图片。文章编排初成之时，兰女士都会在文末发几句会心的感叹。可惜这份杂志自2015年起就停刊了，令笔者好不伤怀！近来我翻阅存留的一套该刊印刷本时的意绪，犹如元朝晚期广东顺德一位民间诗人的《广州歌》里末尾两句所咏：

别来风物不堪论，寥落秋花对酒樽。

回首旧游歌舞地，西风斜日淡黄昏。[①]

2019年3月29日

---

① 摘自吴钩:《从唐宋到明清：广东的开放与文化自信》,《同舟共进》2019年第1期。

上　篇

漫谈美酒？谈何容易！

原本我想将这本书上篇的标题拟为“畅谈美酒？谈何容易！”后来觉得，还是“漫谈”更为老实，也更为妥当——有好酒喝，咱们才能“畅”起来。畅谈，乃是下一个阶段的话题，中高级阶段的话题；目前，咱们还是从初级阶段谈起，暂时还没酒喝，“干”谈。

第一讲
以“敬爱”乃至“敬畏”之心去品美酒

我对地道珍品酒的基本态度可以归结为两个字：“敬爱”。这是以前我们小时候对领导人才用的措辞，比如“敬爱的周总理”；一方面是因为我们小时候对他的尊敬，一方面则是因为对他的亲爱感。可巧的是，周总理一生也很爱喝酒，到了中年时一瓶茅台下去没事，照样日理万机、一丝不苟。许多老一辈的、有幸同周总理相处的人都跟我们说过，周总理平时虽然谨慎小心、举轻若重，但是两杯茅台落肚之后，他马上就变得非常放松、非常开朗，又亲切又随和又风趣。

我将最好的酒视作高档艺术品，不管这酒来自何方，是何风格。对于高档艺术品，我们自然应该怀着敬爱之心。要知道，酿酒者在制作最好的酒时，也是以完成一件艺术品之心在琢磨着、工作着的。1989—1990学年，我到台湾参加一个规模非常小的品酒活动，品鉴的全都是进口名酒。在喝酒的时候，主办方的台湾著名女财经人士给我讲了这样一件事：二十世纪七十年代中期，台湾经济开始起飞，有点类似现在大陆一线城市的情况，钱多到“淹脚目”的地步，花不掉，干着急。人富起来了，就开始喝进口的好酒，当时台湾的进口税水平可能还超过今天大陆洋酒的进口税，可是那时的台湾人就已经喝到了XO白兰地。那个年代的台湾，XO白兰地的价钱不得了，每瓶上万元新台币。

法国几大著名的酿酒公司的老板们起初非常高兴，觉得这么高档的酒在欧洲和北美的销量都很有限，怎么一下子到了“远东”（离他们太远的东方的小岛）销量就如此之高了？于是，一家老牌白兰地公司派了一个副总裁到台湾岛这个新兴的高档洋酒市场去考察。台湾人自然是热情招待远道而来的法国酿酒公司副总裁了，他们请他喝酒，副总裁却在酒局上面露悲色，说道：“你们像喝啤酒一样喝高档酒，喝我们的XO白兰地，这从商业的观点看对我们当然好处多多，销量增加了，让我们赚了大钱。但要从品赏的角度看，我真是伤心透顶。在我们古老的欧洲大陆，人们绝不会像喝啤酒一般地喝高档陈年的白兰地。”说着说着，副总裁就快要掉下泪来：“台湾朋友，你们喝的不是酒哇，你们喝的是我们法兰西人的眼泪。”

这就是为什么我说要把好酒当作好的艺术品来鉴赏。你是否像敬爱艺术品一般地敬爱好酒，在你接触酒的那一刻马上就会表现在你的身体语言及面部表情上。如果你态度轻慢，举杯放肆，那酿酒者必定会感到伤心，甚至是会动怒的。其实，从二十世纪八十年代末至九十年代初，我已经知道了许多有关酒的教养，但头几次的台湾之行还是给了我很大的启示，那就是关于喝酒的珍重态度。我们要敬爱好酒、珍惜好酒，要喝出品位、喝出风格、喝出境界、喝出心灵深处的底蕴，也就是要喝出文学艺术来。我甚至希望能够喝出宗教一般敬畏的情怀，如果你有幸碰上稀世珍品的话——有点像去观赏王羲之、颜真卿的墨宝展。

酒和人类文明是一道出现的

“酒”这个东西实在是太复杂了。当然，我说的复杂并不是指酒的酿造工艺，也不是指经销酒的商业操作。我说的复杂，是从文化、艺术、历史、社会以及政治、经济的角度来讲的。

谈人间之酿、天下之酒，谈何容易？！酒是和人类文明一道出现的，即使晚也晚不了多少，所以我们现在谈酒，就要想到它和人类的文明起源是差不多的，源远流长，神圣不可侵犯。如何定义“文明”？最严格也最狭窄的定义就是文字系统的出现，不是一两个书写符号，而是成系统的书写符号的出现，这代表着严格意义上的人类文明的正式开端，到如今大约是五千年。而在考古学和人类学中，还有一些研究者把文明定义为人类已经基本定居下来了，在定居的地点采摘、打猎、捕捞、耕耘，拥有了系统的、相对稳定的食物生产。在此之前，人类是在不断的迁徙中寻找食物的，基本走遍了当时世界上容易走到的那些地方，这也被称为是整个人类历史上的第一次大迁徙、大扩散，或者说是大移民，不用带证件办手续的移民。

在第一次大迁徙之后，人口繁殖，存活下来的人越来越多，于是不管是在河水、湖水、海水里找食物，还是在树林里，或者是在地面上、在天空中找，都需要借助一些工具，所以人类最早的工具都是为了获得食物而发明出来的，比如捕鱼要用钩网、用木船，射飞鸟要用弓箭，等等。直到采摘、打猎、捕捞已经不再能够满足本地区人口的快速增长时，人类终于开始进步到自己系统地生产食物了，靠耕种土地外加驯养动物，这就是文明最重要的一个开端，距今大约一万两千多年。现在考古研究能够找到的人类早期的定居点，大多数是进入系统的食物生产阶段之后初民生产和生活过的地方。正是在这些地方，人类活动的文化累积层才得以形成。什么是文化累积层？它是包含了人类学意义上的文明进程的形形色色密码的东西，是其他一切非自然导致的历史的信息基础。没有文化累积层，一切都无从谈起，要谈也是纯粹的猜想。而地球上最早的可考证的地点在哪儿？这个地点大家都知道，是四个海（地中海、里海、黑海、红海）和一个湾（波斯湾）中间的那一大块——我给学生讲课的时候教他们，记住这块风水宝地的小窍门："地里红黑波"——这是亚、非、欧三大洲的交界处，是绝大多数考古结果都认同的地球上文明的"摇篮"；至于说别处才是"摇篮"的，赞同的人不是太多。

能够在经验上真正得到系统论证的最早的农耕活动，

就是从这块地方开始的。按今天的行政地域划分来说，主要是叙利亚、伊朗、伊拉克以及土耳其的一部分，外加约旦，再往西一点是以色列、埃及。它们最古老，所以在人类定居、有了农耕文明之后，才有了酿酒的持续行为。人只有在一个地方定居下来，才会有酒酿造出来。从这个意义上来讲，我说“谈何容易”，就是从这个地方谈起。现在我们从一些已验证的考古资料中能看到，从这个地区，亚、非、欧三大洲的交界处，诞生了最重要的几个古老的文明社会，虽然组成每一个文明社会的要素很多，但每一个最重要的文明社会的源头上，都有一部分跟“酒”有关联，这是顶有趣的，也是我在真正有机会品尝到世界上的好酒之前，纯粹通过学习和读书慢慢了解到的。这就是每当我真的品赏到不同国家和不同地区的好酒以后，对酒抱着敬爱之心的大半原因——这“敬”，首先就是因为“酒液”与人类“文明”几乎是一起出现的，是同一个老祖宗的阴阳两面。

讲到这儿，才算是基本说清楚了“酒”的背景的一条细线，又细又长。这第一讲原本是月刊讲酒专栏的第一篇，为保持讲故事的上承下接连贯意味，也就是“且听下回分解”，就把每篇改为每讲。从这往下的第二讲起，咱们才能正式开始谈“酒”本身，从最古老的两河流域和古埃及文明谈起。诸位，谈“酒”哇，真是谈何容易啊！

第二讲
一切从“微醺”开始

在第一讲里，我们稍微讲了一点酒的遥远背景，现在开始谈酒本身。

我们得承认，地球上最古老的文明源自两河流域，即亚洲的西南部，也就是我们前面讲到的叙利亚、伊朗、伊拉克、土耳其东南部这一大块；还有人坚持说是古埃及，这样的争论从世界史作为一个近代实证学科兴起时就存在。[①] 根据新近考古研究一些重要的文明文化标记推算，古埃及的历史比两河流域的历史大约短个两三百年。早在金字塔还没有出现时，大约一万两千年前，西南亚就已经

① 大家不妨去读读 Herbert George Wells 的名著《世界史纲》，由梁思成、向达、何炳松等人翻译，一版再版。

开始将野生的麦驯化为可耕种的麦子了。到了大约七千年前，麦子已经成为当时古埃及最重要的食物来源。后来，罗马帝国那么费力地要控制住埃及，就是要保障埃及的麦子源源不断地运过来供给帝国的中心区域。埃及是地球上最早被近代考古学家系统发掘的地区，和意大利一起，成为单位面积出土文物最多的两大宝藏之地。西方的考古学家带着埃及本国的合作研究者，除了从地下发掘出古埃及的法老陵墓众多宝贝之外，还从墓葬穴里发现，在六千多年前古埃及人使用的泥陶罐的残体内壁上，竟然有发酵液体的残留痕迹。这泥陶罐当年是用来装什么的呢？

在埃及当地的土语中，这种颈脖子很细、肚子圆大、口收小、有个把手的泥陶罐叫jug，它其实就是我们现在讲的一“扎”啤酒中“扎”这个字的译文来源。所以，这种泥陶罐最早就是用来装啤酒的，只是当时不叫啤酒，可能就叫大麦酒，即大麦酿造出来的酒。因此，啤酒也被尊为地球上延续饮用时间最长的酒类，有些啤酒专家把啤酒称作是“与文明一道起源的饮料”。只是到现在为止，我都没有读到详细考证的资料，可以把啤酒到底是怎么出现的说得一清二楚，我只能通过生活经验以及从其他方面阅读到的材料进行揣测。希望以后有更多的证据支持或者推翻我的这个猜测，这也算是了结了一个知识的悬念。

我猜想，最早的大麦酒绝不是人类有意发明创制的，而是被偶然发现的。可能是在刚刚收割完麦子以后下了一场雨，天气很热，被淋湿的麦子过了一段时间就发酵了。人们发现，用这种发酵了的麦子做出来的面包或面饼味道特别好，吃了以后脑袋里还有点麻麻酥酥的感觉，很舒心开怀，也就是进入到我们所说的“微醺”状态。这样的偶然状态发生过多次以后，远古时期的埃及人就会想，为什么只有这种麦子做出来的面包和面饼有这个神奇的效果呢？难道是跟麦子淋雨后变得潮湿有关？于是他们就开始琢磨，怎么样才能够使麦子做出来的其他东西吃进肚子以后也有微醺的愉悦放松感觉？慢慢地，他们有意把麦子弄潮湿，加温发酵，作为原料制成了大麦酒。我早年间的猜测也不算太离谱，后来读到两河流域地区的史料：在远古时期留下的壁画上，有几个人一起把面包一样的东西捣碎，丢进盛水的容器里。那很可能就是在系统地酿大麦酒了，从偶然碰上进步到有意操作。

2021 年 2 月，美国和埃及的考古学家在古埃及的遗址上发现了可能是人类史上最古老的啤酒厂。这座啤酒厂的出土地点位于阿拜多斯古代墓地，在埃及首都开罗以西 450 多千米，据考证，可追溯至五千多年前那尔迈（Narmer）国王“第一王朝时期”（First Dynastic Period，约前 3150— 前 2613 年）。考古学家在此地发现了 8 个约 20 米长、2.5 米宽的“单元”（unit），每个单元里都有 40 个排列成两排的陶盆。这些陶盆被认为是用来加热谷物和水的混合物，即酿造啤酒的，一次可酿造 2.24 万升。

也有人提出另一种猜测：古代埃及人烘烤过的大麦面包有时没有吃完，就放在那儿，埃及的天气有半年又炎热又潮湿，面包放在那儿就发酵了，发酵过的面包不怎么好吃，有点酸酸的，泡在水里面味道稍微好一点，这泡过发酵面包的水就成为大麦酒的源头。和古埃及的这个啤酒起源说有不谋而合之妙的，是我们华夏先民的“空桑秽饭”之古语。《北堂书钞》第160卷引晋代江统的《酒诰》赋，其中对把酒的出现拼命往虚无缥缈的名号上攀附的神圣化倾向颇不以为然，而是用接地气的视角驱去神秘，回归质朴：“酒之所兴，乃自上皇。或云仪狄，一曰杜康。有饭不尽，委余空桑。本出于此，不由奇方。”这里的“空桑”指的是空心的桑树，整段所述的是，黄酒的出现来源于古代人偶然将没吃完的剩饭丢弃到空桑中，剩饭发酵后，酒便出现了。这是个地道的经验主义归纳，读者可参看由宋一明和李艳译注的中国技术史古籍、北宋晚期酿酒大师朱肱写的《酒经》，里面便提到此一生活实践的解说[①]。

---

① 上海古籍出版社2010年精心整理出版的《酒经译注》，被专家们评为中国传统酿制黄酒的工艺流程之范本，无可替代。

除此以外，还有人考证说，远古时代欧、亚、非三洲交界处酿酒的关键元素、富含酵母菌的酒母，是让做工的女人把面包抿在嘴里一会儿，吐进碗里，反复如此作业，过了一夜后，这碗里的口水浸泡过的面包渣就成了酿酒的酵母菌浆糊。我对这个考证之说很有点不敢认可，因为往下我们将会看到，远古时期的酒不论是经过哪种途径产生的，它首先是被当作神圣的物品来用于祭拜神灵或祖宗的，是“神液”，用做工的女人口里吐出来的东西酿造祭品，难道不怕亵渎神灵和祖宗，发怒降灾？远古时期的粮食极为珍贵，用粮食酿的酒，神灵和祖宗享用之后，是优先进贡给地上的统治者享用的，法老、神王等会饮用做工的女人吐出来的面包渣酿造的酒？大不敬！拖出去砍头！

嗜酒如命的法老蝎子王一世

最原始的酒出现后一两千年，古埃及文明中的酒从大麦酿造进入到一个更高妙的阶段——古埃及出了一位伟大的法老，把酿造及交易葡萄酒的产业大大提升了，但葡萄酒可不是在那儿首先出现的，往下我们还有交代。

我在哈佛大学读博士第二学年（1986年夏末至1987年夏初）的时候，住的研究生宿舍里有一位兼职管理员，他本人也是个博士研究生，埃及人，好像出身大户人家，面容总是一副凛然不可轻侮的神情。我是他的副手，一旦他因某种缘故不能履行责职，我就要顶替他，实际上我是候补兼职管理员。那一学年里还真的碰上了候补转正的可能。这位埃及老兄一天到晚脸若冰霜，死板地按章办事，弄得大部分室友厌恶他，联名上诉到研究生院管理部门，要求撤换他，同时呼吁由XL（即“学良”拼音的缩写）当兼职管理员。研究生院管理部门仔细聆听了各方的说辞、辩护、正反理由，发现那位埃及博士生并无大错，撤换他在章程上说不过去。于是把我喊过去，建议我以自己的“所长”补那位埃及人的“所短”，把宿舍里的生活闲暇时光协调得活跃一些。这么一来，我们的周末晚会就增多了。那位埃及老兄也看出我并没有取而代之的野心，对我的态度日渐其好，我从他那儿学到不少关于埃及和中东的典故传说。有一次啤酒晚会后我问那位埃及博士生：你们古代的国王为什么叫法老？法是“law”，老是“old”，古埃及最有名的法老之一是图坦卡蒙，活到十八岁就死了，为什么也叫“法老”？他有点被我的问题弄蒙了，说那恐怕是中文翻译不地道，“法老”在古埃及语中的意思是大宅子，因为普通人住的房子很小而且多数是半地窖型，只有统治者才能想尽办法征调老百姓在地面上给他盖房子，而且要盖得高大，所以他叫“大宅子”。想想这挺有道理的，后来其他政治体系里把统治者称为“陛下”“殿下”，不也是跟大宅子连带在一起的吗？就连“阁下”这个尊称也是跟大宅子相关的。

大宅子里也好存放许许多多的大酒坛子。古埃及统治者享用的葡萄酒特别有名，这要归功于它的国际商业网络发达。我曾经到英国国家博物馆看过那块解读古埃及象形文字的罗塞塔石碑，那块碑上因为有三种古代文字互相印证，文明价值无与伦比，全天 24 小时都有人用几种复杂仪器在四周监控。我们今天获悉的有关古埃及的奥秘解答，统统得感谢这块石碑，它有“首功”。大约是在 1988 年，德国的考古学家冈特·德雷尔（Gunter Dreyer）打开了位于尼罗河中段的阿拜多斯王陵的一处皇家墓穴，发现了刻有类似象形文字的象牙配饰，而这个墓主则是埃及早期最有名的统治者之一“蝎子王一世”（Scorpion Ⅰ —— 之所以在他的雅号后面加上Ⅰ，是因为古埃及被尊称为“蝎子王”的不止他一位）。

蝎子王一世生活在五千多年前，他老人家的坟墓复杂得很，由四个墓室组成。从蝎子王一世的墓穴中出土了七百多个大罐子，这些罐子里装的是什么？哈，是葡萄酒！当然出土时里面的酒早已经干枯了，如果这七百来个罐子统统装满葡萄酒，可以装进1200加仑，也就是4550公升酒。这说明在五千多年前，古埃及尼罗河中游区域的葡萄酒酿造业和交易已经具备相当规模了，否则不可能在墓穴里放进那么多酒罐子。由此推算，在这之前的一两千年，葡萄酒的酿制可能就已经开始了。

除了这七百多个装酒的罐子，蝎子王一世的墓穴里还有四十七个放满了各种各样葡萄种子的罐子，这又是为什么呢？因为他想在来世还能享受葡萄酒——这老人家肯定是爱酒爱得没办法了。那个时候的葡萄多数是野生葡萄刚刚改良过来的，还是蛮酸的，因此除了葡萄种子外，那四十七个罐子里面还放了无花果果片，以增加葡萄酒的甜度。

蝎子王一世墓穴庞大的出土文物经过现代科学技术的

反复考察，说明在包括尼罗河的中游和下游、土耳其东南部、叙利亚、伊拉克、伊朗的广大区域里，那个时代已经开始形成葡萄采集和种植的漫长商业网络。而这里酿出来的葡萄酒，更是古代国际贸易最重要的产品之一，通过当时的国际商路“荷鲁斯大道”往来于其他的次级文明地区。你们知道，神话传说中荷鲁斯（Horus）是大地上的古埃及统治者法老的保护神，有些特别自豪的统治者也给自己的名字冠以这个神圣的标号。

沿用了几千年的葡萄酒酿造工艺

蝎子王一世成为统一古埃及的伟大帝王，比秦始皇征服六国的大业还早了两三千年。一位名叫费刚的资深西方考古学家说，在这个伟大的法老的墓室里还出土了壁画，从中能看到非常精彩的场面：壁画上是采葡萄的工人，他们把采来的葡萄倒进很大的陶器缸里，五六个人一组，赤脚在缸里踩葡萄；为了不跌倒，他们手里都攥着一根绳子保持平衡。

我们要知道，这种酿造葡萄酒的基本工艺至少一直沿

古埃及壁画中的葡萄酒

用到二十世纪五十年代，当时欧洲的一些传统酒庄都还在使用。我在哈佛大学念书时，“费正清东亚研究中心”的一位行政管理副主任——就是给只负责学术业务的主任马若德教授当副手的——帕特里克（Patrick）是爱尔兰裔人，他早年在欧洲打工时就干过这活，这可是当时工资最高的体力劳动之一。在那些严守传统的酒庄里，他们不是用机器碾碎葡萄，而是把葡萄倒进大木桶里用脚踩葡萄。脚踩葡萄的是没结过婚的青年男子，这些男子沐浴后光着身子在大木桶里一边唱歌一边踩踏。这是非常讲究的传统酿酒方法，工人累得不得了。刚开始倒进大木桶里的只有少许葡萄，后来越倒进去越多，一直到葡萄已经有大半个成年人那么深。要到工人们实在踩踏不动了，才把他们从桶底拉出来。

我还问了帕特里克一个蠢问题：“你们不会在大木桶里尿尿吧？”他说：“怎么敢，会被打死的！只要想去洗手间，马上就拉绳子，绳子上面有铃铛，铃铛一响就会有人把你提拉起来，去完厕所后冲洗干净身子再回来进桶里踩踏。”几十年前在欧洲工资最高的体力劳动之一，竟然从五千多年前就开始了，这是多么悠久的酿酒传统！

光是葡萄酒分类标签，就有一百六十多种！

无独有偶，比蝎子王一世晚了近两千年的图坦卡蒙，是古埃及最有名的年轻法老，他的黄金面具等遗物出土被称为历史上最伟大的考古发现之一。在他的墓地帝王谷旁边也发现了好几个法老墓穴里有葡萄酒坛子，而且这些酒来自至少十位酒商的供应，是古埃及及其周围地区最优秀的酒商，因此才能被允准向王室供酒，类似于今天所说的“一级特供产品”。

对于特供酿酒商提供的葡萄酒，爱酒的法老们还要让大臣及专业品酒师把它们给分分类。比如，在大胆搞宗教改革的法老埃赫那顿（Akhenaten，约前 1379—约前 1334 年；他给自己的封号是 Glory of the Sun，意思是“太阳的荣耀”）的王宫里，仅用来为葡萄酒分类的标签就有一百六十多种。有些标签写着这个葡萄酒“好”，有些是“非常好”，也就是顶级了；还有一些不怎么好的，标签写着“供交税”，意思就是这个葡萄酒是地主、果林主本人为了交税而大量进贡的，这种酒法老本人当然不会喝了，他会赏赐给下面的人享受。还有一个比“供交税”好一点的标签叫“供玩乐”，这不是法老本人喝的酒，而是在开很大的宴会时让参会者们喝的，是“公务招待用酒”。

几千年前古埃及的品酒家们就已经开始系统地品尝酒，为酒贴标签了，所以葡萄酒真的是身份悠久的神奇液体。这里只是讲了酒在一处地方的渊源。在以后的几讲中，我还会结合自己积累的与酒相关的人类学、社会学、文艺学、政治学、经济学的考证观察片段，开讲更多的酒史、酒诗、酒事——诸位不要忘记：漫谈美酒，谈何容易呀！

第三讲
一位潇洒老兄的漫天游学生活

前面我们说到了人类文明的摇篮“地里红黑波”四海一湾所圈起来的那一片神奇的土地所发生的酒事件，也就是欧、亚、非三大洲的交界处贡献给全人类的伟大“酒统”—— 酒的传统。在这一讲故事里，我想从所谓的冰河纪以后讲起。那之前的考古资料太稀缺，看不到什么跟酒有关联的细节。也许在更久以前，比如一万两千多年前，人类也曾做过一点事业，也曾酿造过几种醉人的饮品，可惜什么都没能留下来。大概更早期人类活动的遗迹，都被那场距离如今地球上一切文明时间最近的席卷大地的洪水冲光了。近些年来时不时的，有人在互联网上推出一些模模糊糊的图画或符号，说是那场大洪水之前高级文明的遗留痕迹，我看都是利用 IT 技术拼凑出来的，经不起严格考证的。

我认识的一个老兄，至多比我大个七八岁吧，虽然到2012年秋冬季节为止我们只见过两三次面，但认识已差不多十五年了。我认识他时，他已经进入到人生最潇洒的状态。他是一个外籍华人，从小在英国和美国知名的私立学校念书，英文比中文还好，做过西方主流传媒的资深记者，后来一转念去做了国际金融投资。至少在他身上证明，一等一的聪明人做什么都在行，老兄他一下子就赚了几笔大钱。但他最不同寻常的是，一旦赚了大钱便拒绝继续赚钱，马上开始游学世界了。钱是他的奴仆，他是钱的主人。这样的人生哲学说起来容易，做起来不易，你身边有几个富起来的伙计能这么见好就收？

他第一次来见我的时候，刚刚进入他的四海游学阶段。他跑到我学校来是为着跟我交流学术问题的，可我总是无意识地把话题引偏到酒上面去。因为我发现，他所待过的地方，基本都是在我心中自己以后应该要去的地方。我说，我也希望有一天能进入他这种四海游学的潇洒状态，我到现在只走了全世界酒道（即出产美酒的道路沿线）的一小部分，我一定力争把它们都走完，不然以后怎么好意思去面见上帝？

这位潇洒老兄非常惊讶于我对酒那么深入骨髓的兴趣，于是他告诉我：你既然对酒这么感兴趣，等我从英国游学回来，介绍一个我的女性朋友（a female friend, not a girl friend，女性朋友，而非女朋友，这个区别很重要：前者的意思是纯粹的朋友关系，后者是男女感情关系）给你认识。他的这位女性朋友可能是香港最早的自己开私人品酒会的淑媛之一，与商业没什么关系。她开品酒会不是为了卖酒，而是一帮有钱有闲的女士们聚集在一起，品赏世界上非常非常有趣的酒。当然，这些有趣的酒并不一定是最贵的，却一定是最有说头的。我的这位潇洒老兄说：“虽然你参加不了女士品酒会，当不成会员，但你偶尔可以过去‘打打边鼓’，沾点光品尝一下。”

话虽是这么说，可是他说完这潇洒话之后就从英国游荡到了美国，游荡了几年从北美洲游荡到了南美洲，几年以后，又从南美洲新世界游荡到了欧洲老世界。十几年了一直都还没回香港来，但他过去多年里始终与我保持着电子邮件的联系。

“乔大叔”同乡关于酒的起源的见解

我曾经以为，目前的考古资料显示，能够找到的最早的产葡萄酒的地区是两河流域，也就是现在的伊拉克、伊朗加上土耳其的南部，而后蔓延到埃及。可是我那潇洒老兄的一位熟人对我的这一解读非常不满。这个熟人是哪里人？他是“乔大叔”的故乡之人，所谓“乔大叔”（Uncle Joe）嘛，其实就是指苏联大元帅斯大林，这是英国首相丘吉尔当年作为大战时的盟友给他取的外号。

我非常佩服丘吉尔，这老爷子每天早上起来在开始工作前都要喝一小杯陈年的苏格兰威士忌，即便是在第二次世界大战最危急的时期，作为生死存亡关头的英国政府的首脑，他都没有放弃这个洒脱的习惯，“二战”期间他已经是六十五到七十岁高龄的人了。我们都知道他是个卓越的政治家和外交家，战争年代他所做出的重大决策备受赞扬；我觉得一定是因为早上一小杯美酒对他的精神状况、工作效率都有点帮助，他是真正的爱酒之人。后来，丘吉尔听说斯大林也有每天饮一点家乡美酒的习惯（不过斯大林是晚上饮两杯），于是在一次见面中，他抱着友好的态度称斯大林为“乔大叔”。斯大林的名字是 Joseph，简称就是 Joe。据斯大林身边的秘书说，“乔大叔”本人对这个亲切的称呼并不怎么领情，觉得太随便了。他每天工作量也是惊人的，天天熬夜，能这样一直干到七十多岁，也从不度长假，家乡的美酒功不可没。

我的潇洒老兄的这位熟人，来自乔大叔的家乡，也就是现在已经独立的格鲁吉亚共和国，以前属于苏联的一个加盟共和国。乔大叔的老乡坚持认为，地球上最早的葡萄酒产自格鲁吉亚，有差不多七八千年的历史了，又从格鲁吉亚慢慢往南边、往西边传开去，传到了今天的土耳其，当时被称为小亚细亚的地方。再从土耳其往南往西传向两河流域和亚平宁半岛，再传到埃及等地。也就是说，我过去很长时间里认为葡萄酒是从古埃及向亚洲及欧洲交界处出口的，但他认为其实古埃及的葡萄酒最早是从其他地区进口的。当然，这些都是好几千年以前的事了，既没有文字的记载，地面上地面下的考古遗迹也是林林总总，不一而足，谁也不能说马上就有定论。

我的这位潇洒老兄就说：“你啊，赶快跟我一起游学世界吧，我眼下正待在欧洲，在意大利。在这盛产美酒的区域，如果有人花二十欧元以上买一瓶葡萄酒，别人一定觉得他是半个白痴或者至少是太有钱爱摆谱的土豪。如果买的是十欧元一瓶的，那他就还有接受再教育的必要性。假如买到了五六欧元一瓶的——这些葡萄酒都是当地小酒庄产的酒，在遥远的外地没什么名气；小酒庄的业主都是小本经营，也没有资本大做广告——有本事找到这种酒的人，才是真正在葡萄酒上有造诣的，鉴别的功夫练得够可以了！”

探寻亚平宁半岛最好的葡萄酒

我听了这位潇洒老兄的话，对意大利境内他住的区域向往得不行。幸运的是，2012年年底2013年年初，我随一个中国的电视拍摄小组前往考察亚平宁半岛，也就是意大利中部地区。这个拍摄小组兼考察团希望把意大利本地最好的葡萄酒和最好的配酒菜及小吃点心编成短纪录片系列，所以就聘请我当他们的正式但无薪水顾问。对于这个邀请，我非常慎重，于是，我联系了在意大利的一个好朋友，就是本文集自序里念及的那位军事社会学家。

我是在1999年认识这个朋友的，缘分要追溯到那之前两年。当时，他在美国做访问学者，待的地区是耶鲁大学及周边新英格兰区域，所以就和我的老同学朋友圈子交叉了。他当时是意大利国防部和外交部合办的国际研究中心的社会经济研究室主任，同时也在海军军事学院教书。那一年欧盟中最重要的几个大国，英国、法国、德国、意大利分片承包研究二十一世纪的第一个二十五年到三十年之内最有可能改变世界趋势的一些大事。大概是因为马可·波罗的渊源，意大利方承包研究的区域是亚洲，我很光荣地被推选代表亚洲学界，前往意大利参加国际研讨会，住进了意大利海军的军官俱乐部。我在那里住了整整十天，天天喝海军俱乐部里最好的窖藏陈酒，还认识了这位有着侠义之风的意大利哥们。等到那次联系时，我就问他："假如我们去你的祖国考察的时间只有一个多星期，还要扛着大小摄影机，此外还有翻译等几个人，成本不小，待不了很久；在这短短的一个多星期时间里，我们只能选择最重要的两个葡萄酒产区。我心里已经有两个候选目标，但慎重起见，现在劳驾你建议一下最适合去哪里。”

第二天他回复我的两个应该首选的产酒小区，果然和我想的一样：一个是托斯卡纳，另一个是西西里岛。他说你对意大利真懂啊，我说当然了，西西里岛虽然我没去过，但是托斯卡纳我可是在二十世纪八十年代末至九十年代初就去过的。我们摄影组圈定了这两个产酒区，他就可以和我们一起回他的家乡西西里岛了。那里可是超级大片《教父》故事的发源地和许多片段的拍摄地，还有其他许许多多精彩的小说、戏剧、电影、电视剧也都跟那个岛屿息息相关，它从六七千年前开始就是世界贸易的中转要地，否则黑手党从哪儿收取“保护费”？西西里岛当地有几个重要的小规模老酒庄，按他的话来讲是从古罗马帝国时期就存在了，两三千年的渊源啊！他跟这几个又小又老又具特色的酒庄业主说：“我有一个好朋友是中国人，要带纪录片拍摄小组到意大利来考察我们最好的葡萄酒和配酒菜及小吃点心，第一站会去托斯卡纳，接着还会来到西西里岛。”当地几个小老酒庄的酿酒人和老板听完后非常高兴地说：“既然是你的好朋友，那也是我们的好朋友。”然后，我就收到了他们寄来的他们认为本地产出的特色好酒和羊奶制成的干奶酪，这令我对意大利的拍摄考察之行更是充满温情且饥渴的向往。

第四讲
《荷马史诗》般伟大的古酒遗迹

即将前往意大利考察美酒、美食、美景的我，早年间一度还曾以为在古代西方世界里，真正的葡萄酒最重要的发源地是在亚平宁半岛这一带。为什么我有这样一个印象？这跟我在二十世纪后四分之一期间游学世界的经历有关系，当然我无法像我在前面提到的财大气粗的老兄那样潇洒地游学，但多少还是在这方面投资了一些。在地中海东部，有一块吸引我的宝地，就是由希腊陆地本土，特别是附近的几个岛屿上发源的古代文明蔓延而影响的那块广大区域。不过近几十年来，国际学术界对这一古代文明究竟古老到何种程度越来越有争议，从四五千年之说到七八千年之说的都有，参与考证和解说的流派来自许多国家，百无禁忌，无所谓最正统、最不正统；这方面的争论对我们以后要谈到的西方世界葡萄酒的渊源有密切关系。

我很赞赏那几个历史悠久的国家在资助考古研究方面的恢宏博大心态，不像日本等国家，把考古学弄得非常政治化和极端情绪化。我每次到日本开会，都要去当地的博物馆、文化遗址和著名宗教场所参观，我发现了一个奇怪的模式：即便这些地方的展品或历史陈迹有些本身就包含汉字，绝大多数的官版解说词却不明确道出它们和华夏文明之间的承接关联，仿佛这些统统是日本列岛原生原发的。日本在东北亚是最早有意识地系统引进西方发达的科学技术的国家，可以说是全社会投身于近代启蒙开化的进步潮流。然而，从明治维新以来的历届日本政府，在资助本土考古研究这件大事业上，却显得异常地不够开明。生怕成片成系列地发掘古墓，特别是发掘皇家古墓，会出土一件件铁证如山的文物，显示日本列岛文明传承的最重要渊源脉络乃是华夏文明，而且很多是经由朝鲜半岛传播过去的。这样一来，“天皇是天照大神的直接后裔”的正统世系之说，就无法再维持下去。

其实，站在现代科学的客观立场上看，每一个民族都有关于本族系起源的神话传说，进入二十世纪以后，本民族的考古研究，应该从本民族的神话传说框架里解放出来。日本自从中古以来产生的文化、艺术、技术等广义的文明成果，已经彰显了大和民族对人类文明整体的一份可观的贡献。公正的国际学术界，尤其是立足于实证资料的考古学界，也不会因为日本文明的源头有华夏文明的重要元素，就否认日本人世世代代把学习借鉴来的外部世界的文明成分有机融合进本土文明，推陈出新、繁荣昌盛。真希望日本官方能够多多跟随“希腊化世界”的考古研究步伐，以大大方方的文化自信，来发掘本国的地下文化遗产。这种开放诚实的态度，对于我们漫步考察几大文明系统中的酒，至关重要。

话头回转到我们关注的一个要点：二十世纪初，一位非常了不起的年轻女考古学家赫蒂·戈德曼（Hetty Goldman）小姐，在古代希腊世界的中心地区发掘出了一块距今4500年左右的遗址。这可比距今约莫3600年的中原商王朝开国大王“汤一太丁”的活动期还要古老，得算是传说中夏朝初期的事件了；戈德曼小姐将它编号为“H”。在H遗址的废墟里，考古队发现了很多高脚杯，形状和大小都和我们现在喝葡萄酒用的高脚杯差不多，数量多得不得了！因此，在考古学界，H废墟还有另外一个名字："酒鬼之家"。其实我看更优雅的名字应该叫"饮者沙龙"之类的，因为附近地区还挖掘出了许许多多精致的文化艺术物件，可以想象当年那里居民的平均文化艺术水平之高。

那时候的高脚杯制作成本可比现在要高得多，然而，更加有趣的是，在那个地点还发掘出专门用来隔温的双层冷酒器。这个玩意儿可是超级厉害，四千多年前就已经那么讲究了，天气炎热的时候要把酒的温度适当控制，以求口感最佳。这可比咱们现在很多地方的中高档餐厅还要讲究！你不信做个调查——我本人已经有过二十多个省、自治区、直辖市的切身经验——在国内大多数城市的中高档餐厅里，只有极少数配备有冷酒器具。所以，我早年间一直以为戈德曼小姐考古挖掘的那个地方，才是西方世界葡萄酒的发源地。

不仅如此，在时间上比H遗址稍微晚一点的，在那片区域还发现了另一样东西，这样东西能在《荷马史诗》里面得到印证。虽然《荷马史诗》的故事一度饱受争议，被一些学者认为很大程度上是传说，但其实后来越来越多的考古细节表明，它更多的是口述历史的记录，其中的确是有一些可靠的实际事件和真知识的。而后戈德曼小姐考古队发现，在距今3500年左右，在H遗址附近发掘出洗澡用的浴池、浴缸旁边有大量的碎陶器和酒杯。这又说明什么呢？这说明当时比较有钱、有地位的人，都习惯一边喝着美酒，一边泡在大浴缸里。

如今在日本的高档温泉酒店还保留有这种服务。在北海道我曾经享受过一回：在露天的温泉坑（是坑而不是池子，因为没有用瓷砖等材料装修过，保持着天然石头坑的纯朴状态），泡着汤，浑身热气蒸腾；服务员穿着麻布长衫，托着木漆盘把冰镇的白葡萄酒送到你的“坑”边，然后缓缓退步而去，让你静静地品味美酒想心思。假如你点的是日本清酒，那还要配上几小碟下酒干果紫菜。这样的天然自然悠然见蓝天的服务在国内已经很少见了。

当然，H遗址附近的那些陶器碎片未必就是酒喝多了的一帮醉鬼们失手摔碎的，也可能是在特别的节日庆典中有意打碎的，类似于中国乡下在农历年之前的灶王爷节祭神时，要把家里所有的破旧瓷器统统打碎扔掉的古老习俗，表达的是“旧的不去，新的不来”的生活祈愿。

跟酒相关的更了不起的东西还在后面，这是我在雅典博物馆里亲眼看见的，那就是和《荷马史诗》之《伊利亚特》中描绘的几乎一样的双柄巨型酒杯。它比中国传统小说里的英雄侠客惯用的“海碗”还要大得多，高度有一英尺（约0.3米），装酒的容器直径也有一英尺宽，这是目前世界上出土的远古时代最大的双柄酒杯。在《伊利亚特》和《奥德赛》史诗的一个故事里，英雄国王涅斯托尔让他最小的女儿为尊贵的宾客特勒马科斯沐浴，并在沐浴之后，在他身上涂擦一层细腻的橄榄油，再给他披上贵族长袍。贵宾走出浴室，仪表如神明一般，端起双柄巨型酒杯饮酒，饮的是窖藏十年的美酒。多么的痛快、多么的气派，尽显远古英雄时代王家的品位和风范！

古代希腊世界的平民狂欢

古代希腊世界跟我们东方古代专制帝王治理下的社会很不一样的一点是，除了国王和有钱人之外，平民百姓，包括普通农民，一年里至少也有几次能够进入类似我们中原商朝末代纣王“酒池肉林”的狂欢状态，这也是我游学世界多年以后才知道的。

大概是在3600年之前，爱琴海的重要城市诺萨斯一带发生了一次巨大的地震，大量的古代宫殿被摧毁了。而后的两三百年里，那里建起了新的宫殿群；在新宫殿中，后人发现了一个非常有名的叫作“收获者花瓶”的大古董。这个花瓶之所以珍贵，是因为在这之前出土的很多器物上，所表现的饮酒者形象都是国王、统治者、贵族，而这个花瓶上面描绘的，却是农民狂欢醉酒的状态。“收获者花瓶”上面刻画的都是男人，所有男人的肩膀上都扛着收割麦子用的叉子，有用木头做的，有用柳条做的，也有用兽骨做的。这些男人全都满脸欢笑，或是嘴巴张得很大，走起路来东倒西歪，或是醉眼惺忪，许多农人互相之间还在大叫大嚷——这画面太生动了！所以，“收获者花瓶”可以说是古代希腊世界亲民社会状况最最生动的体现。

大壶喝酒，亚平宁半岛的阳光和煦

不过，我所读到的有文字记载的典故，古代西方世界官方最盛大的酒宴场面，应该发生在距今2700年左右，也就是相当于我们的春秋开初时代。这又说回到欧亚交界的两河流域，古代的亚述帝国。那个地方曾经出现过一位非常有名的国王，叫阿苏尔纳西尔帕（Ashurbanipal），他在底格里斯河河畔修建了一座大宫殿，为此他在皇城里举行了那个区域有史以来规模最大的一次官方宴会。阿苏尔纳西尔帕国王邀请了城里1500位皇亲国戚，16000名市民，还有本王国其他地区来的47000人，周边友好国家的5000位使节，一共将近70000名宾客！宴会持续了十天，总共吃掉了14000头羊，喝掉了整整10000壶葡萄酒。这个酒壶肯定不是我们现在的75厘升（750毫升）装葡萄酒的标准，而是双手才能端起来的大酒罐。我猜测，在那个时代的技术条件下，制作大酒罐比制作精巧的小酒瓶更有把握一些，越小材料越难过关。

在意大利周边，在后来所谓的希腊化世界，大壶装酒的风俗直到现在还被很多小社区保存着。我非常向往以后能够长期那么生活着：每天下午三四点钟的时候，太阳开始西下了，一天的工作已经完成，我们就在窗口吆喝一声说请你们来喝酒。于是，就会有隔壁邻居把话传出去，而后就会有大壶装的葡萄酒送货上门。这些酒壶非常结实，用树皮或干草编成的网兜围起来，乡下马车运送进城里的路上碰碰撞撞也没事。在那些古老的城区里，房子多为两三层，顶层中间的窗子上一定会有个架子，架子上有个小滚轮，滚轮上有绳子，绳子下面吊着大篮子。这个篮子可以放到楼下地面去，送酒人就把两大罐酒放在里面，再送上奶酪和肉肠。你把酒罐子吊上楼，再把现金吊下去，就可以在家里喝酒了。邻家可能还会有人在窗口弹着吉他，你吆喝一声，把酒壶沿窗台递过去，他的歌声变得更加滋润。

我太向往这种生活了，我的那位潇洒老兄正在过着这种好日子呢。他身边的伙伴们每次喝酒都要把酒上的信息全部打印下来发给我，然后馋我说这个酒我在香港可买不到，它是老欧洲产酒区本地的，太少了不出口，只卖五六欧元一瓶，我就在香港尽情淌口水吧。

第五讲

对着地球仪讲酒的故事

为什么说要对着地球仪讲酒的故事？因为地球是圆的，我们必须把一个特定地区的文明与其他所有地区的文明看作整个人类文明的一部分，否则文明的故事，包括酒的故事，无论如何是讲不圆，也就是讲不通的。如果此时此刻我们面前有一个大地球仪的话，就能够看到，续接着前一讲的故事，这一讲里讲的故事所发生的地区，实际上只要在地球仪上朝东边稍微移动两到三寸。而这样的小尺寸移动，就已经把人类成系统食物生产的历史往后推移了两三千年。

我们知道，人类在远古时代不断迁徙。结合当时的交通技术条件，考古学家原本猜测，人类的迁徙线路是从东非出发先往北步行，走不通了又往东走。然而，在过去的几十年里，有越来越多的证据显示，早期人类迁徙还有另外一个主要途径，那就是靠划船，因为那时地球正处于冰川时期，岛屿和岛屿之间、大陆和大陆之间的距离比现在的要短，沿着近海岸和沿河划船往往比在陆路上步行遇到的阻碍和困难要少一些。

现在我们可以在地球仪上从之前讲到的“四海一湾”地区往东南移一点，这里的文明比欧、亚、非三大洲交界处的文明晚了两三千年，却也成了地球上的第二大古文明，其最高级的城市文明期延续了约莫700年。而这一伟大的城市文明，在公元前约1900年时消失了（相当于我们传说中的夏朝早中期），很可能是气候变化导致局部环境生态退化，该地区被古人群放弃了。

哈拉巴遗址：地球上的第二大古文明

这个地方位于今天的印度河流域，是巴基斯坦和印度交界处的一条河谷及沿河周边。在1826年之前，这个区域的文明价值基本上不为外界所知，当年的伟大城市文明早已经变成一片无人问津的废墟。然而，重要的宝藏被发现总是那么偶然。1826年，一个名叫刘易斯的英国士兵逃脱到现在巴基斯坦的旁遮普省，歪打正着发现了这片被废弃的古城镇。经过几代国际专家学者团队的探索，业已消失的文明遗址渐渐显现出比较完整的概貌，考古学家将它命名为“哈拉巴（Harappa）遗址”区域，和邻近的信德省境内的“摩亨佐·达罗（Mohenjo Daro）遗址”区域同属一大体系，即“印度河文明”。

哈拉巴文明遗址被发掘的过程中还有一段趣味十足的插曲：当时英国殖民主义统治下的印巴学术界并不知道这片遗址究竟有多古老，十九世纪五十年代英属印度的一个考古队来此，起初只是想寻找唐朝的伟大使者玄奘和尚到过的佛教城镇。他们对这事颇认真，是因为近代以来英属印度境内的几处历史古迹的细节都要仰赖玄奘的西域实地访问记载来确证，然后再试图重建古代场景。比如印度古代的最高学府“那烂陀寺”（Nalanda），公元1200年前后就毁于入侵者突厥军队的大肆破坏。印度考古局1915年主持的发掘该遗址的工作，就是照着玄奘的记载进行的。

印度历史悠久，但其历史学远远不及中华学术传统那样雄厚坚实，玄奘的实地考察记录就成为印度人了解本国一长段历史的概况乃至细节的极少数可靠史料之一。玄奘留下的文献也曾经描述过哈拉巴的部分地区，说这个“钵伐多国周五千余里”[①]，王城周长二十余里。玄奘访问此地一千多年之后，十九世纪后半期考古队发掘出来一些古代砖瓦，不知其所以然。一直到了二十世纪前期，学界才慢慢发现，哈拉巴文明遗址比唐玄奘的时代早了几千年！

追根溯源，在哈拉巴一带，考古学家发现了早期文明最重要的四个标志之一的“规模居住”系统。正是因为有成规模的人群居住区，远古时代这里的生产技术、管理方式以及与文明水平相关的其他生活方式才得以沉淀下来，留给后世。哈拉巴地区规模宏大、结构牢固的古代城市遗址，其历史比我们在中原发现的相应的城市遗址早了一两千年。更了不起的是，哈拉巴地区所隶属的印度河文明在当时就拥有了系统的文字——早期文明最重要的四个标志中更辉煌的一大标志，只比最古老的美索不达米亚地区的

---

① 国名音译自梵文 Parvata，意思是“山岳”，读者可参阅玄奘、辩机原著，季羡林等校注的《大唐西域记校注》（中华书局，2000）。

文字晚了大约七百年。

这个地方出土的文物中有印章约八百枚，印章上所刻的文字多数是会意字和拼音符号，也有少数的象形文字。虽然印度本国以及国际上时不时有极少数人声称成功解读了这些四五千年之前的文字，但据中国学者季羡林说，这类声称者还远远没有得到绝大多数同行的认可。这乃是科学的考古学界的一条硬道理：任何重大的人类古文明的发现、识别和断代，诸如古遗址的发掘考察、古文物的物理化学成分和制作工艺的鉴定、古文字或图画的解读、古人骨骼的测试分析等，都必须依照国际考古学界认可的程序，拿出同行确信的证据，必要时邀请国际同行参与考古过程，让全球多处实验室独立化验出土的关键物件进行对照，不然，许多地方许多机构许多研究者都会声称发现了或鉴别了“全世界最古老的什么什么”，或者“我们的发现推翻了从前广为流传的某某定论”云云，那考古学很快就沦落为商业广告了。

和尚未被解读的印度河文明的古文字符号不同的是，咱们的甲骨文和现代汉字之间的承接关联，是大体明白可辨的；很多甲骨文字的解读是反反复复经过国际学术界查证的[①]。很遗憾，由于哈拉巴和摩亨佐·达罗文明过早地消失，该地区初民所使用的基本上无法解读的文字里包含了太多的谜。这是全人类的一大遗憾，而不仅仅是印度河流域现代人民的遗憾。

曾经，哈拉巴和摩亨佐·达罗古文明区域覆盖了将近七十万平方千米的辽阔地带，是西亚北非交界处古文明区面积的至少两倍。而即便它已悠然消失，留下的种种物件却依然印证了它对南亚社会的深远影响。比如，该区域出土的游戏赌博用的骰子、女人手腕佩戴的珠链，四千多年前的物件竟然与今日这类物件的模样相差无几，不可谓不神奇。除此之外，比在两河流域发现的陶器更显精致的是，哈拉巴这片区域出土过彩釉陶器，器具上的图案多半与宗教有关，在四五千年前，这是何等珍贵！其后亚洲其他地区的陶器上釉技术，也许都承袭自此。直到二十世纪中后期，考古学家在这一区域附近的农村里，依然能碰上源于五千年前的上釉手工技艺还在延续操作着。

---

① 有兴趣的读者不妨去两家学术书店，买两册由董作宾和胡厚宣老先生考订的《甲骨文字典》之类的书。再买一部《金文编》，时不时翻阅，极有教益；该巨册由容庚编著，张振林、马国权摹补，中华书局 1985 年影印出版。

为什么哈拉巴文明遗址里找不到更丰富的酒史?

漫谈了这么多，乃是为着烘托一个要点：印度河流域古文明这样高度发达，却没有出现相应高度的酒文明。在印度河流域古文明区出土的许多器物之中，也有很多酒器，由赤陶制成，有些估计来自大户人家，酒杯身上刻制有花纹。但奇怪的是，就找到的古代物件而言，这些酒器的精致程度不仅赶不上比它晚近很多的其他文明地区的器物，就连两河流域出土的那些更古老的酒器都比不上。不过，我们还是要注意到南亚古文明物件的有趣之处：在酒杯靠下的位置有个手柄，类似现在的酒葫芦，这说明这些赤陶杯是当时人们日常拿来喝酒的，不是祭拜神的法器。

可是，不同于在两河流域发现的酿啤酒的古物件证据，除了酒器，在印度河流域至今也没有找到任何的实物，能给我们一点启示，表明古代的酒在当地是如何酿造的。大概是因为哈拉巴文明区域的气候不同于两河流域那般干燥，实物在这里容易腐烂——当然，这只是我的猜想，多半是受了中国境内考古研究经验的影响。在中国新疆维吾尔自治区和周边的沙漠地带，出土过精制的古代丝绸和布制品，这些纺织品有些来自长江中下游，一两千年后还那么精美绝伦。要是在广西壮族自治区和海南岛这样常年温热潮湿的地带，那些纺织品早就化为泥土了。

由于缺少物质依据，我们只能查阅书面资料。我所读到的资料显示，哈拉巴文明区域制作发酵酒和蒸馏酒的原料是一种叫作“马花树”的植物结出的果实，当地民众到现在还用它做泡菜和酸果酱。我怀疑，唐僧玄奘《大唐西域记》里介绍古代印度的物产，提到的“末杜迦果”，或许就是这种果实，因为它的梵文发音很近似，是madhuka，该名著的注释专家们也说明这种树的花和种子早先是制酒的原料。然而，几千年前当地人通过什么工序制作发酵酒和可能的蒸馏酒，一点也搞不清楚。

除了陶器，哈拉巴文明区域还有一种重要的酒器，是由贝壳制成的。我看过的贝壳酒器非常精美，上面刻有花纹。要在如此坚硬的材料上刻出纹路，可见当时贝壳酒器在器具制作手工业中的崇高地位。在后来的印度教里，贝壳酒器渐渐成为圣品，只有神明和帝王才能享用。不过，这种神圣的贝壳器具在当时的印度河流域并非只有盛酒的功能。这片区域与两河流域最大的不同之一就是与宗教关联最紧密的那种微妙分别，一是水文化，一是酒文化。怎么讲？看看那贝壳器具，除了装酒，它更是帝王在宗教仪式上斟水的供具。在哈拉巴文明遗址里，最突出的是发掘出了多处巨大精致的浴室，这些浴室可供几十人沐浴，紧挨着祭坛，也许是人们要先沐浴再拜神；浴室系统的排水和排便工程分了好几层。可以说，在迄今出土的全球规模较大的古代居住地遗址中，最复杂的排水技术文物就是在哈拉巴文明区域。

说到这两大古文明区域的酒文化，两河流域出土的酒器直至今日看起来依然精美无比，而印度河流域的酒器就逊色多了。我猜测首要的原因是，在印度河流域，水的宗教功能高高在上，压倒一切，也压倒了酒。君不见，在南亚区域，至今仍然有地球上最宏大的水宗教节。据说，2013 年元月中旬的恒河圣水节，是十二年一度的全球最大规模的宗教仪式，延续将近两个月。这期间有超过一亿来自各地的信徒，以圣水洗涤现世的罪孽，为进入洁净的来世而祈祷。有时跟人一起下河的，还有大象和少数其他种类的动物。

毫无疑问的是，印度河流域文明这一大片地方，也就

在印度哈拉巴遗址发现巨大的精致浴室

是考古学上所说的哈拉巴和摩亨佐·达罗区域，在它们辉煌的历史进程中，也曾酿造过类似于米酒、果酒或其他发酵酒的饮品。或许是由于气候终年炎热潮湿，或许是因为无法生产两河流域那样品种的麦子，故而当时酿造优质酒的原料非常有限。几千年之后的唐僧玄奘到访此地，确实见证和记叙了中古时期印度的“酒官场”和“酒市场”。他说，以葡萄和甘蔗为原料精酿的酒只有贵族等级刹帝利才饮得起；第三阶级吠舍喝的是大米和麦子酿的酒，价格不那么贵；更低下的社会等级无钱买酒喝。佛教盛行的那些王国里——当时印度次大陆有大中小王国七十多个，戒律规定信徒们不许饮酒。季羡林等考据家汇集的多语种资料表明，葡萄是从中亚区域引进印度的，所以非常昂贵。更早时期（公元前六世纪之前的几个世纪，文化宗教史上被称为“吠陀时代”），当地制作的叫“苏摩”（soma）的烈性酒专门是供祭祀用的——这是“酒祭场”，比“酒官场”和“酒市场”更高一级！不过，我们并不知道这烈性酒的原料和制作工艺，我怀疑所谓的烈性也就是比酒精度很低的果酒、米酒、麦酒稍高几度，因为缺乏证据表明那个时代的印度已经有制作二十几度或更高酒精度的饮品的核心技术。这个重大技术环节我们还要回过头来细讲。

如果现在去考察，我们会发现，原先英属印度的这片区域——包括后来独立出去的巴基斯坦和孟加拉国，还有部分的缅甸——已经基本上找不到百分之百的本地酒的传承，眼下用的酿酒技术多数是十八世纪和十九世纪英国人殖民统治期间带过来的，也就是威士忌和朗姆酒。那里产的啤酒很独特，传承的是老派的英格兰风格。几年前，在印度西边从古代延伸至近代的一条主要海洋商路的水底下发现了一艘一个多世纪前的沉船，船上有大量破碎及完好的啤酒罐。完好的罐子里的啤酒被立马运到英国实验室进行化验，打捞投资方极想还原当年的酿酒配方。化验的结果显示，那啤酒是几代人之前的英国浅色啤酒（pale）种类，味道跟当今的浅色啤酒大不一样了，这让欧洲各地的啤酒发烧友很激动了一阵子。[i]

第六讲
造酒乃是一件神圣的事情！

在上一讲故事里，我提出了一个非常“钻心”的猜测：在欧、亚、非三大洲交界处的古文明区域有那么丰富多彩的酒文物，而只比它年轻不过两千多岁的印度河谷古文明区域，为什么有关酒的文物古迹却少了很多？这个重大的相异之处甚至影响到印度后来经济体制之核心部分——税收的来源和种类。我们在本书前面的第二讲里讲到，古埃及的图坦卡蒙时期，国王法老的实物税收里面，酒的分量已经相当可观了，酒的分类已经相当细致了。比这晚了一千多年的古代印度伟大典籍《摩奴法论》，成书于大约公元前二世纪至公元后二世纪，明文规定：“水蛭、牛犊和黑蜂怎样一点一点地摄取食物，国王也必须怎样一点一点地征收全国的年税。”国王“他应该得到六分之一的树木、食用肉、蜂蜜、酥油、香料、药草、调味汁、花、根、果、叶子、蔬菜、草、皮革、藤竹、陶器和所有的石器”。为唐朝玄奘的西域考察记做注释的专家团队确认，这个税收法规是印度古代农业税的基本状态，至少延续到玄奘考察的时代。你瞧，这个详细的实物税收清单里偏偏见不着酒！如果酒是古代印度文明区域的重头产品，它绝不会不出现在国王的收税记录文件里，这和图坦卡蒙收到的贡品实物税单子的反差太鲜明了！

造成这个显著不同的，可能有地理环境生态的因素——我们已经提及，印度河谷文明区域炎热潮湿，有些跟酒有关联的古代物件也许早就霉烂掉了，但是那些用玉石、金银之类的材料制成的酒器应该留得下来。所以我猜测，造成这个显著不同的更大原因可能是文化性质的而不是自然性质的——那是由于在欧、亚、非三大洲交界处的古文明区域，宗教活动和祭祖仪式中，酒起着至关重要的作用。在远古时代，只要是跟宗教活动和祭祖仪式密切相关的物件，一定会得到最高的关怀，获得源源不断的资源和功夫去精益求精、尽善尽美。久而久之，这类祭奠物件就变得好上加好。而在印度河谷古文明区域，水在宗教活动和祭祖仪式中发挥着最重要的功能，这就使得该文明所在地有非常多技术高超的水系统工程遗物出土。

我说这个猜测“钻心”，是因为这个大疑问多年来老是悬在我的心头，慢慢就“钻”进心里去了，像毛毛虫一般。当然，要列出足够的证据来支持这个猜想，那可不是一年两载的事，得要等地下出土更多的实物才能步步逼近令人信服的解释。所以，从“钻心”的猜想到“放心”的解答，路还遥远着呢！中间要靠很多考古学家来做地下的“钻探”，然后才能有其他更多专业学者的钻研，凭着一路不放弃地“钻”下去的韧劲，最后才能有我这个晚进学生的悟道依据。

我一直提倡大家对好酒要存有“敬意”乃至“敬畏”，首先是因为好酒里面的文化涵义太丰厚了。所以，地球上最伟大的有关酒的故事，往往都是与伟大的文明精髓和文化传统交织在一起的。读者诸君，我们在这里不仅仅是讲酒这种液体物质，更是讲各种各样的“酒统”和与人类文明各种各样的流派相关的故事。我在哈佛大学读博士的时候，曾认真向同一座宿舍楼的挚友Kal请教，他当教学助理员（Teaching Fellow，不同于中国大学里的助教，是美国研究型大学里对本校博士研究生的主要资助方式，学生得到硕士学位后才有资格申请）的那门人类学本科生课程，讲的是人类历史上种种关于食物和吃的经历。那门课为什么那样受欢迎，注册选课常常要排大队？Kal 解释道，那门课程的正式名称是“The Anthropology of Food and Eating”（饮食人类学），它不是着重从物质形态和营养学的角度讲食物和吃，而是把食物和吃的社会和文化涵义挖掘剥离出来，在诸多文明之间进行横向纵向的比较：为什么在中国、印度、拉丁美洲、非洲、欧洲、太平洋岛屿和美国，关于食物禁忌、食品限制、食物当作礼品、食物的交换和社群的自封或划界、食物的象征主义和医疗系统、食物在牺牲（祭奠）和社群的仪式庆典中的功用等方面，既有相似之处，又有重大区分？这么铺陈开来讲授，是把食物和吃的隐性社会构建层层解析、代代连环、步步烘托，大学生们自然入迷。上了这门课，十八九岁的年轻人才恍然大悟——他们自小就吃的东西和吃的方式里面，还有如此深厚细腻的文明元素和历史信息！我这里给诸位如此这般讲酒，走的是类似的道道。

纵观历史，造酒乃是一件神圣的事情。越是古早的年代，人们的粮食越是有限，物质生活越是艰难，要从用以糊口维生的粮食里挤出一部分——常常是其中最先选中和最优质的部分——去酿酒，如果没有一个神圣的原因，从人类生存的本能出发，是不可能这样做的，而且做了几千年呐！再进一步说，除了国王和统治阶层需要酒以外，有些文明区域里的管理部门还允准为普通老百姓酿造普通级别的酒，那出发点当然是关系到整个生命共同体分享的一种神圣意义之寄托。这就是为什么有的人类学家把欧亚大陆连接处的游牧民族到达之前的地中海周边文明称为“圣杯”文明，“圣杯”出现的时代大约是距今7500—6500年。那一波游牧民族——现在的古气候学研究大概搞清楚了，这期间的全球大范围移民是气候变化促成的——到达之前的地中海周围，维持着定居的农耕园艺文明，当时留下的最精致的酿酒技艺，都与先民祭神有关。“圣杯”是表达生命的物件，象征着母亲和生育，也是用来祭神和盛酒的器具。

让我们沿着“以何种液体祭神拜祖”的思路，再将地球仪微转一下。两河流域、地中海文明以酒祭祀神明祖宗，印度河流域以水祭祀神明祖宗，下面便到了咱们的华夏大地。不过，这是我们后面要讲的重头戏，还是先看看华夏大地的右边——跨过了欧亚大陆桥，人类先祖就到了美洲大陆，今天称为新世界（即北美洲和南美洲）的地方。把华夏大地的西边和东边的故事讲过后，华夏文明中的“酒统”和它们有哪些相似处和特别处，就便于描述了。

“三祭”——祭酒、祭水与祭血对特定地域文明的影响

现在多数考古学家和人类学家认为，美洲大陆现在能够找到的最早的文化遗址，是距今大约一万年的人类先民从白令海峡步行移民过去后活动留下的。但奇怪的是，在美洲所能找到的文明遗址基本上和酒扯不上边。我反复索读，也没能找到可供神侃的酒故事、酒史料。如果纯粹从粮食缺乏的角度来讲，也只能解释缺酒原因中的一小部分。那到底主要是什么缘故呢？比如说，考古队从安第斯山周边出土的早期人排泄物遗址地层中发现，当时人们最重要的食物是鱼。鱼当然是不能用来酿酒的，但这好像也只能解释安第斯山周边的古代渔业文明小区域。美洲其他更多更大的地区有很多种农作物，像玉米、薯类等都是非常适

合酿酒的富含淀粉的原料，而且，更容易拿来酿酒的是含糖成分高的野生浆果，为什么也没有留下像样的酒文化遗物呢？

我苦思出来的解释——依然还属于猜测，但也有一些堪称片段证据的史料——是前面讲到的那个思路的延伸：不管是在哪片古文明区域，宗教和祭祖仪式都需要液体，这是没有例外的。而在古代美洲，他们用的液体不是酒，也不是水，而是……血，人血，也就是血祭！我猜测，正是因为“祭血”的至高至上地位，这片区域的居民后来就没有往酿酒的方向摸索发展。这对美洲文明的后续影响，看来实在巨大。

由于美洲的古文字还没有被全部解读，目前所解读出的书写符号显示，古代中、南美洲最大规模的一次性祭血曾经达到以两万人作牺牲。哪怕古人常常夸大数字，两万活人的十分之一、二十分之一在一次性祭奠中被屠杀，也足够吓晕咱们了！他们血祭有时候是把人的喉咙割开由宗教祭司直接嗜饮，随后立即把其尸体砍作八大块。有时候不是马上把人砍杀祭奠，而是用鱼骨刺把活人的静脉、动脉血管刺破，让鲜血流出来。限于当时的公共卫生条件，祭奠场地周围的大批参与者中间，很多人被尸体和鲜血里的细菌病毒感染而生病，民众的健康受损和寿命缩短又造成劳动力的丧失。

最新的实地检测和实验室化验从一个侧面支持了以前对此的认知：2011—2016 年多国考古学家和人类学家在秘鲁沿海地区，挖掘出一个十五世纪中叶的祭奠牺牲场地，发现至少有一百三十七个年纪在五岁到十四岁的儿童和三个成年人，被破膛开肚掏出心脏，献给神灵[①]。与这一可怖场景堪作对比的，是公元八世纪至十世纪之前的斯堪的纳维亚和丹麦区域，那个时代这些地方的居民还没有被基督教势力所慑服，崇拜的是“奥丁”，此乃北欧本土神话中专司文化艺术的大神。那些居民们想象的死后的幸福，就是在“奥丁”的殿堂里喝盛在敌人头盖骨内的啤酒；祭司通过布道使民众相信，他们若真崇拜这位大神，死后一定能喝到啤酒[②]。古代挪威人是北欧居民中最遭西欧、南欧人惧怕和仇视的海盗帮，那时是叫作维京人。我在澳大利亚工

---

① Ashley Strickland, “Ancient Mass Sacrifice Site Reveals Hundreds of Child and Llama Skeletons”, *CNN World*, March 6, 2019.

② 读者可参阅本书自序里引证的伏尔泰《风俗论》中译本上册第 21 章。

作时的一位同事是挪威人，出身北欧老牌左派工人运动领导人的家庭，从不讳言西方世界的弊病。我曾问他：“你们现代挪威人和其他的北欧国家是全球公认的最富裕、最平等、最守法、最具有国际主义精神的，为什么你们的祖先却被邻近的民族视为洪水猛兽式的野蛮人？”他的回答是：“我们的祖先是超级航海家，兵壮船快，主要靠打东边、抢西边掠夺为生，还把敌人部落的武士脑袋砍下来制成大酒杯豪饮。”可见伏尔泰书中的描述是靠谱的。不过，这些古代北欧居民尽管被古代西欧信奉基督教的教士和文士们视为蛮族，比起古代中、南美洲的血祭族，还是要文明一大截。

酒祭文化没有兴起来，血祭文化却大行其盛，这让古代中、南美洲在人与神和祖先的交往中，自身的处境变得越发可惧可怖。再后来，中、南美洲人举办这类活动的过程中，还要把能制造神秘效应的迷幻药和人血搅拌在一起吸食，才能在宗教仪式中完满“达标”。这里正好可以做个鲜活的对照：古代的宗教和祭祖活动，都必须在主持者和参与者群体里产生重量级的心理效果，甚至一定程度的幻觉，然而借助的手段或媒介在几大文明间却大不相同。在犹太教传统里，是葡萄酒伴度安息日，这寓意深沉的液体成为“上帝用六日创世，在第七日安息”的必须内容——“God blessed the seventh day and made it a holy day, because on that day he rested from all the work he had done in creating the world.”（*The Old Testament*，Genesis 2: 3）。沦为奴隶好几百年之后，在以色列十二个部落民众出埃及、回祖邦、寻求解放的途中，这个安息日的律法又一次在西奈山①前被神圣化，纳入《十诫》——“Remember to keep the Sabbath holy. Work and get everything done during six days each week, but the seventh day is a day of rest to honor the Lord your God.”（*The Old Testament*, Exodus 20: 8）。在承接犹太教诸多元素的基督教（包括其大多数教派分支）传统里，是圣事领圣餐仪式过程中信徒象征性地饮一点红葡萄酒，以表示与耶稣基督圣体连通。用圣奥古斯丁的颇具理性主义精神的名言说，“把葡萄酒说成是血，这是一种比喻，这是一种宗教奥义”。

在佛教传统中，则是借助于水。玄奘考察恒河南岸的

① 西奈山又称摩西山，位于西奈半岛中部，是基督教的圣山。——本书编辑注

佛教遗迹小孤山，看见“南石上则有佛置捃稚迦”，“捃稚迦”是梵文 kundika 的汉语音译，就是水瓶（净瓶、澡瓶、澡罐通用）；佛陀置水瓶，可见水的宗教功用何其关键，它是佛教教规所谓的“僧众十八物”之一。佛教典籍常常以瓶水比喻佛法，佛教徒的师徒传法，以泻瓶水入于瓶为“得其真传”之喻。大不同于以上的两种液体红酒和清水，中、南美洲古代借助的媒介是人血。这便是我多年观察和沉思所初步悟道的核心“三祭”的涵义。

说到此处，除了华夏文明以外，我们已经讲了目前能在地球上找到的最古老的几大文明发源地。可以做一个简单的小结了：如果某个地方拥有宏大的宗教传统，并以祭酒作为与神和祖先最重要的沟通方式，那么该地方的文明一定是最精致辉煌的——以下的故事里，我们经常会讲到酒与文化艺术不可分割的无形有形关联。仅次于这种酒祭文明的是以水祭神和祖先。而最可怖的，便是以人血祭神和祖先。

那么，华夏文明是以哪一种液体为主的“祭”呢？这是以下所要细细谈讲的大故事了。转动地球仪漫谈美酒，终于将步入我们置身其中的这块黄土大地。

第七讲
环球一圈，回到故土

从这一讲开始，我们终于要谈到华夏文明区域的美酒渊源了。前几讲里面我们并没有涉及很多具体的现代国家，而主要是从几个宏大文明区域入手，比如印度河谷文明区域，实际上它大部分是在今天的巴基斯坦国境线内，而古埃及文明发源于今天好几个中小国家组成的一大片地带。所以，比较符合考古学和人类学基本知识的，还是"文明区域"这个提法，不然咱这本小书就会无意中"侵犯他国主权"了，因为"文明区域"和现代主权国家在大部分历史时期是不完全重合的。因此，今天讲到咱们老祖宗的酒史酒事，我觉得称其为"华夏文明"更恰当，而尽量少用"中国"这个涵义太丰富的名词，避免把远古时代的人事、酒事、神事、鬼事混同于现代国际法体系里的国家范畴。

先说说“华夏文明”这个提法

所谓“四大文明古国”这个提法，最早是由梁启超提出来的。但是，他老人家并不是做考古学和人类学研究的。从考古学和人类学的角度看，更准确的说法应该是“四大文明区域”——在上万年的人类文明进化的历程中，有几千年并没有“The Nation-State”，即“民族一国家”（海外华人学者也有将其译为“族国”）的概念。从另一方面看，梁启超提出“四大文明古国”的那个特定时间，中国正处于被西方东方列强依次欺负的悲惨状态。那个时代的中国文化人，尤其是汉族的知识分子，都有着一种强烈的民族主义情怀；因此，中国作为唯一延续下来的四大文明古区域所在地最中心的国家，虽然短期内沦落到又穷困又衰败的境地，但中国文人就特别要彰显它在历史上的辉煌荣耀。这种情怀今天的我们自然完全可以理解。

提到“华夏”这个观念，就要说说曾被考古学界很多从业者列名为中国考古学之父的李济先生。李济，湖北省钟祥人，他是在哈佛大学拿到人类学博士学位后回祖国来做文化大事业的。李济就读的人类学系和我们的社会学系后来在同一栋大楼（William James Hall）里，我有幸从该系后来的成员那里听到关于他的一些不凡作为，其中包括他生前最看重的人类学英才张光直——我读博士的那些年头，张教授已经成为全球考古学界最受敬重的华人学者，位列美国“全国科学院”（The National Academy of Sciences；此处 National 的准确译法应该是“全国”而不是“国家”，若是 State，则应该译为“国家”）院士，因为张是以科学的方式做华夏古文明的研究考证的。

李济当年学成回国的动力，就是要用现代科学的方法来考证华夏文明的源头，讲一个中华的大故事，让国际同行们认可中国研究者在本土所做的对全人类文明皆有意义和价值的工作。李济出国和回国的那段时间是二十世纪二十年代，正是中国现代化的起步阶段——从清朝末年遭列强频频欺凌、国人自豪感最是低落，到社会各界越来越多的精英分子睁开眼、看世界、学先进。李济在晚年曾写过一篇批判性的回顾传记，他在其中写道：我们追溯漫长宏大的华夏文明史的时候，必须要拓宽视野。长期以来，万里长城不只是疆域的界限，还是精神的界限。什么意思？

就是说，太多的中国传统文人和近现代知识分子把长城之外的地方和长城之内的地方在文明演化的描述中割裂开来，好像长城之外一直是文化沙漠。这种观念是错误的！我们必须把中华的历史看作是全人类历史的一部分，把华夏文明看成是全人类文明的一个有机的重要环节；那样的话，我们对自己的文化渊源就比过去教科书上学到的要悠远得多，光辉得多，而不是关起门来孤芳自赏。

李济老前辈的这席话对作为校友兼后学的我启发特别大，尽管我不是他同系的研究生，但社会科学的基本原则是相通的。很多国人一讲到自己的国家，就说中华文明如何一枝独秀，好像天下就数你最厉害，这是不符合科学的考古实证史料的。下面我们讲的关于酒文明的很多故事，都必须放在“人类文明圈 — 华夏环节”这个宏大的背景上看。当然，我的这本书不是要把酒文明的所有方面都讲到。在考察人类文明的历程时，跟酒有关系的故事一直是我认真学习和践行的重点之一。华夏文明的“酒统”篇章虽然并非处处天下第一，但也有许多值得咱们骄傲的点点滴滴。

华夏土地上令人兴奋的“酒祖宗”

早先我碰巧是在哈佛大学皮博迪考古学与人类学博物馆（全世界大学博物馆中最有名的博物馆之一）里面看到相关资料的，其中略略提到，可能早在7500年到9000年前，华夏土地上就已经出现跟“酒”有某种亲属关系的液体了。

在一次河南省考古作业中，考古学家从地下挖出了一些陶瓷碎片，虽然数量不多，但陶片上残留下的物质却是有重要涵义的。当时，这个考古项目是由美国宾夕法尼亚大学考古学家和中国考古学家合作进行的，因此可以借助美国先进的化学技术测试。验出的结果是：这些残留物是类似于酒精的混合体！不过，直至如今还难以确定该残留物是不是人工有意酿造的酒精，原料大概是由米、蜂蜜、水果组成的。但这米可不是我们今天吃的大米，而是野生米；水果也不能确定是山楂还是野葡萄。这种发酵出来的饮料，我们也只能谨慎地称它为“酒精类”。所谓“酒精类”，我理解有两个可能：一是人类有意发酵的，酿造程序也多半和现在酿米酒、果酒的工艺不一样；另一个可能性是，和其他古文明区域相似，古时河南的气候跟现在的广东差不多，潮湿炎热，我们的祖先把采集来的粮食和水果放在陶器里，夏季放上半天一宵后，那些食物便自然发酵了…… 这是老天爷给他们送来的礼物！

7500—9000 年之前的事，一切都难确定。但不管怎么样，有了这么一点点的“酒亲属”迹象就很让人兴奋不已了！对此若有疑问，我们只能找另外一件事来做参照，再加上科学性的联想。在几大古文明区域，今天称之为酒的东西，以及许多其他的东西，其实都不是某某人或某某团体有意发明的，而是被偶然发现的。

比如 2013 年春季就有一个发生在香港居民身边的有趣的事：因为众所周知的 2003 年发生的那次“非典”呼吸系统传染病的疫情，香港特别行政区政府就规定，只要发现当地有鸟类从天空掉下来就应该立马报告有关部门，防疫人员就会穿着防化服来把死鸟拿去检验。2013 年春，在香港的北边乡下，有只蓝孔雀跑出来，后面有几只狗狂追，孔雀就跑到村子里去了。在香港乡村老百姓的传统观念里，捡到孔雀羽毛代表大吉大利！所以大人小孩都跟在后面捡彩色羽毛。这时候卫生人员赶到了，说：“你们不怕它带有禽流感病毒啊？！”这只孔雀估计是吃了春节期间放在外面开阔地上的发酵祭奠食物（传统节日期间香港乡村和绿色保护地带“野外祭”很常见），摇摇晃晃地跑不动了。

类似的事情2012年8月在英国一个县城里也发生过，一间小学校园里有十多只黑色小鸟掉在地上，只有一只还勉强活着，其他的都摔死了。这只小鸟当时就被拿去化验，防疫单位以为是禽流感，非常紧张。后来竟然在小鸟胃里发现了酒精成分，原来，小鸟掉落地上是因为吃了自然发酵的野生水果，醉落人间！英国一位专家告诉我们，罗马人有句俗话描述人喝醉了的状态，“drunk as a thrush”，醉得像一只画眉鸟，“就像画眉鸟吃了发酵的葡萄之后欢快地在葡萄园里东倒西歪的情景”。

又比如在非洲，有一种独特的“象树”，非常高，结果实，一到成熟季节，果实熟透了就掉到地下。落在地上的果实有一点腐烂发酵，大象跑过来吃，吃多了以后，晕晕乎乎地走不动了，就躺在树旁睡大觉。当地的土著居民很好奇，也试着尝尝那种熟透了发酵的象树果，果然很有些微醉陶陶然的效果！现在用科技方法酿造的这种“象果酒”，非常好喝，酒精度为十七度左右。前些年我带两瓶象果酒到云南边境地带开会，朋友们都说很好喝，叮嘱我每次去开会都要带。云南西双版纳地区位于热带气候区，我想，说不定能够大面积移植象树，拿来酿酒，当地经济又能找到一个新的增长点，对国际观光业助力不小。这些原发酵低度酒的“出生、出世”，大自然力量的歪打正着，比人为的设计制作要频繁得多，也奇异得多。

可能是世界上最早的酿造酒之一

虽然无法确定7500—9000年前的那些陶器碎片上的酒精类残留物，到底是有意酿造的还是自然发酵的，但至少存在着初民有意制作的一点点可能性。考古团队很是激动，他们把这个事件和另一个事件连起来：二十世纪七十年代中期在河南省商丘地区发掘出了距今约3000年、周朝时的一个古墓。在这个古墓里发现了密封的青铜器，这密封不是人为的，而是因为坛子里的液体含有糖分，放在不怎么干燥的地底下太久，就自然密封了，里面的液体也就凝结保留下来了。但是，那时中国和国外没有什么学术交往，国内的科技手段和仪器设备也落后，这个青铜器里的东西一时化验不清楚。又过了好长时间，中国科学考古人员跟美国科学家有了交流合作项目之后，才化验出那只青铜器里的液体就是酒——但和上面所说的几千年前的那些陶器碎片上的残留物不一样，这只青铜器里的酒的度数比较高，食物自然发酵是不可能达到这个酒精度数的。一打开盖子，还能闻到青铜器里的酒香；这酒香已经保持了3000年呐！

由于这残留的酒浓度比较高，又保持着接近液体的浓缩黏糊形态，化验它的成分就比较容易一些。里面的成分包括小米、大米、多种多样的香草和树皮，还有好几种花卉，显然为的是加重酒的香味。因此，我们说在华夏土地上发现的最早能确定的酒，是在约3000年前酿造的，这是没有疑问的，因为这是国际合作团队用现代科技手段严谨化验的结果。

这酒的检验结果一出来就在纽约等地的主流报纸文化版和周末风尚专栏上发表了。美国宾夕法尼亚的一个城里有个家里世代卖酒的人，名叫雅各布（Jacob）。他常常把世界各地有传统有特色的酒搜罗到他的酒庄，与知酒爱酒之友评鉴比较。他看到那篇报道后激动得不得了，跑去找该校的考古学家麦戈文教授，问他能不能尝一下这个酒。

麦戈文说:“这个怎么能尝，这可是全世界最珍贵的酒文物啊！而且你敢尝吗？在青铜器里放了3000年，如果重金属中毒的话，你会有生命危险的。”雅各布走的时候就很不服气，说他就想偷偷用手指捞一点尝尝，毒死也值了！我觉得我跟雅各布老兄是百分之百心意相通的，如果我在那儿，我也会这么想：就算被毒死也要尝！全世界有几个人能尝到3000年以前酿造的酒？！而且在周朝，放进青铜器皿陪葬的酒，一定是那个朝代的最佳之作，要让王公贵族在另一个世界里享用的。

我后来读到，现在能找到的地球上最古老的一罐原装葡萄酒，是公元325年入土的，是一位古罗马贵族的陪葬品。它出土于1867年，眼下还珍藏在德国施派尔镇的普法尔茨历史博物馆。但是在河南省商丘地区，在大约3000年前的周朝时期，华夏土地上就已经有酒了！只是这种酒与古罗马时期的葡萄酒不同，它是一种原发酵的粮食酒，肯定和我们现在喝到的粮食酒大不一样。之后，我们会讲到很多有关古酒的鉴别故事，都跟这里提到的两大要素有关联——是用什么原料，用什么工艺。

第八讲
“古者食饮必祭先”

这一讲里要把我们之前所讲的故事中至关重要的一个链条环节串连起来：远古几大文明区域中，酒总是与祭神祭祖紧密联系在一起。在那个人类意识蒙昽模糊的时代，与酒有关的一切，尤其是祭酒器具，实在不可小视。

多年前我曾经从山西省杏花村酿酒庄子出生长大的法学史研究者董博士那儿，得到过一本著于北宋时期的《酒谱》新版注释本，作者窦苹（是笔名还是真名待考），这应该是最早尽可能从经验上试图系统考察华夏文明中有关酒的起源和发展的专著。北宋在中国酒史上是个非常重要的时代，是华夏酿酒工艺的一大转折点。窦苹以学者的视角，首先辨析华夏历史上三种关于酒起源的代表性说法：仪狄始造酒，神农尝百草（也包括酒的养生特性），天上一枚

“酒星”降下酒来。这三种说法都具有一个特点，就是古酒都与最神圣的事情紧密挂钩：仪狄造酒为的是服务于贤帝夏禹；神农更是三皇五帝之一、远古传说中的医学药学的源头；而“酒星”之说，直接与神话串连，“酒星”自盘古开天地之时便已存在了，年代可谓无边无际。

然窦苹却说：“圣人不绝人之所同好，用于郊庙享燕，以为礼之常，亦安知其始于谁乎！古者食饮必祭先，酒亦未尝言所祭者为谁，兹可见矣。”他说的是什么意思呢？就是这三种说法乃是传说，并无真凭实据。根据他在当时所能看到的史料，真正能肯定的一点是：酒最早是用于宴会场合的，是古代礼仪中不可缺少的一部分。在远古时代，先民们都是在最重要的场合之下饮酒，饮前还要先祭神祭祖。出生于千年之前北宋的窦苹当然没机会读什么考古学、人类学专业，但他讲的道理却是很靠近现代考古学和人类学思路的。他的这本《酒谱》，验证了我前面所说的“古人因为祭神祭祖总离不开酒，因此对酒特别敬仰特别慎重”的考察酒文明之心得体会。

窦苹的《酒谱》考证，关于酒的起源，真正能找到一点历史根据的就是杜康，其他都是神话传说——我对杜康之说也不敢确认其事实真相。当酒祭传统在中原本土几乎被遗忘的如今，在日本最有历史的酿酒厂里，依然将最受敬重的酿酒师傅称作“杜康先生”而不称其本名。我在二十世纪九十年代初考察台湾岛上的高附加值种植业的时候，听说了这事。后来去日本，又多次耳闻这个活着的传统。在那个岛国里，因为与华夏中原交流而有幸获得文明精髓的人，把我们古老的文化特色保留了不少，这不免令我这个怀古守旧的华夏学子感到几分遗憾。二十一世纪初在《南方周末》旗下《名牌》杂志及其后续《精英》杂志“丁学良酒情专栏——愿生汉唐”里，我最早向国内读者报告了“杜康先生”还活着这件事。

商周：酒是祭司通神通祖的媒介

虽然咱们有《酒谱》的“理论支持”，但古人对酒到底有多敬仰慎重？酒祭时用的是什么酒，酒器又是什么样子？为了找到更多的根据，我历年来收集了不少资料，而目前手头的一本，是出版于1973年8月份的“文化大革命”期间陕西出土文物画册。当时的正式出版物非常稀少，因此出版发行的极少量的书籍刊物，都印得非常认真，校对仔细，文字考究（当然要剔除前言结论中的“文化大革命”标准宣传的文字部分），这对文物类的知识读本尤其重要。

而最让我感动的是，这本画册里收录了陕西一带自1966年开始的十一次考古作业中发掘的中国出土文物，在最珍贵的文物之中，最精致的，绝大多数都是酒器。这本画册收录的文物原照中，最早的一批出土于1966年陕北绥德县田庄公社（这是当时的行政划分地名，与今日的不同，以下的地名照此理解）古墓，共有二十多件商代青铜器。在此之前，精致的华夏青铜器基本上都出土自关中地区，在陕北地区这是首次有这么多的出土物件。这二十多件青铜器中当然包括兵器等，但若论最精致的那几样，都是酒器！

西安市郊区红庆公社燎原大队出土的饕餮纹单柱铜爵，制作于3600—3100年前。它高16.8厘米，这个尺寸在当时已经相当可观了。所谓“单柱”，是顶端上面一个小柱子，底下三只大脚，两边还有双挂耳，倒酒的出口略有弧度，方便倒酒却又不会把酒洒漏了。最妙的是倒酒口上的那一个小单柱，我不知道这单柱是用来做什么的，只能猜测是夜里凌晨祭酒时用来点灯照明的，也许是怕把酒给撒了——千万不要忽视，酒在商朝那个时代可是珍贵得要命呐！

几个世纪以后，到了公元前十一至前八世纪的西周朝代，发掘出的这个时期的文物是高35厘米的精美酒器“饕餮纹提梁铜卣”，是在陕西泾阳县高家堡发现的。酒器的主身和所有的外臂把手，全是细部立体交叉、龙凤雕琢，即使这本画册制作时的摄影技术远不及今天先进，细节上不能够肉眼分辨到极致，但这件3100—2800年前的酒器之高精美妙，还是令当今的观赏者张口结舌！我曾经把这本画册向好几位外国人炫耀，他们都很难相信那些酒器“高寿”达三十个世纪！

同一个时期陕西岐山县贺家村出土了一个24厘米高、形状仿佛犀牛的酒器“铜牛尊”，它的四条粗腿造型俏皮，酒由肚子里经过翘鼻子倒出来。牛背上还有一只小狗在昂首紧盯着看，因为酒是用来祭神祭祖的，可千万不能被鬼怪偷喝了！难得的是，这些文物出土时完整无损。当然，还有更多令人称道的精致酒器，我只能列举其中的二三，可惜这些珍品的奇美太难用文字来表述！即便在三千多年

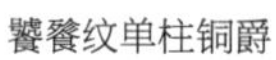
饕餮纹单柱铜爵

饕餮纹提梁铜卣

铜牛尊

后的今天，也很难在华夏大地上找到可供使用、如斯精致的酒器。也正是由于远古时代以酒祭神祭祖，古人才能将那般的财富、想象力和创造力，依托着信仰完全融入酒器的设计和制造。所有与酒有关的器物、技术、仪式、符号，都体现了那个时代精神文明和物质文明的最高水平，当时连地上的王者恐怕都不敢享受的最高水平。所以我说，幸运的是，华夏文明祭神拜祖首要是用酒，不然我们哪有那么丰盛博大的酒史酒诗？

我在国外读海外考古学家的著作和文章时才了解到，就在商朝后期，公元前十二至公元前十一世纪，华夏文明发生了重大的转折。在此之前，地上的王者最重要的功能就是祭神祭祖，对地面上人群的事务的管理反倒在其次，所以那时最权威的人物是祭司，祭司掌控的最重要的器物，也就是礼器。礼器有用来装食物的，有用来装酒的。我看到的很多考古史料和图片，装酒的礼器往往比装食物的更精致、更奇妙，这多半是因为祭司必须自己先喝点酒，才能把情绪心智尽全部功力发挥出来，才能感觉真的通了神灵和祖先，才能把地上人群的愿望和祈祷，传递到天神和祖先那儿去。所以说，祭司通神灵通祖先的媒介便是礼器，是礼器中盛装的酒。

盛唐：精致依旧的金银酒器

我们再回到那本画册，往后翻阅，非同寻常的文物是二十世纪七十年代在西安南郊何家村出土的一千多件盛唐时期的精致金银器，制作时间大约是公元八世纪，距今1200多年。在此之前，从来没有在中国任何地方一次性地发现这么多精致的金银器。其中极其漂亮的是编号第46的鎏金蔓草鸳鸯纹银羽觞，这种高3.2厘米的饮酒器，近代还有类似器皿在中东的几家王宫里用着；编号第47的是一个狩猎纹高足银杯，高7.1厘米，纯银打造，这种风格的杯子在中国当下已经不制作了；编号第48的是掐丝团花纹金杯，高5.9厘米，金杯外装饰以野生葡萄的花纹，跟中东、西亚的器具外饰一脉相承。盛唐时代的长安都城及其周边，是全球高端文化精制工艺品的少数几个顶级汇集中心之一。深圳市古迹保护协会会长任志录收集的丰富图像和资料显示，以野兽的头部形状做酒杯的设计及工艺，考古学上叫“来通”杯，音译自Rhyton，最早出现在公元前十九世纪

鎏金蔓草鸳鸯纹银羽觞

狩猎纹高足银杯

掐丝团花纹金杯

的西亚和中亚，灵感来自古代亚述人。在中原出土的最早的“来通”杯形象是在东魏武定元年（543）的古墓里见到的《刘伶醉酒图》。隋唐以后这类形状的酒杯日渐传向华中、华南地区，同时也逐渐本土化，设计从游牧民族的动物头像如狮子、麋、鹿、虎、豹，转向农耕民族的动物头像，主要为牛首等[①]。

更奇特的是编号第51的玛瑙酒杯，杯子的前部雕刻成牛形兽首，兽嘴处镀金，故称镶金兽首玛瑙杯。长15.6厘米，通体晶莹，上面的口是敞开的，由此盛进酒，下面是兽嘴，塞了一个纯金的口塞，把这个口塞取下来，酒就顺流而泻。这种镶金玛瑙酒具如今在中国还有人会设计制作吗？没门！这些酒器多为游牧民族的风格。说到游牧民族特色，就不能不说到编号第55的那只舞马衔杯纹银壶，高14.3厘米，外观跟现在蒙古族用的酒皮囊差不多，但更为精致，以纯银打造，壶腹两面各模压出一匹衔杯匐拜的舞马，形态接近于维也纳新年舞会上在前奥匈帝国老皇宫里

---

① 读者可参阅《深圳商报》2019年1月27日的专栏，资深记者夏和顺的精彩长篇报道:《从兽首“来通”杯看北朝汉人的胡化》。

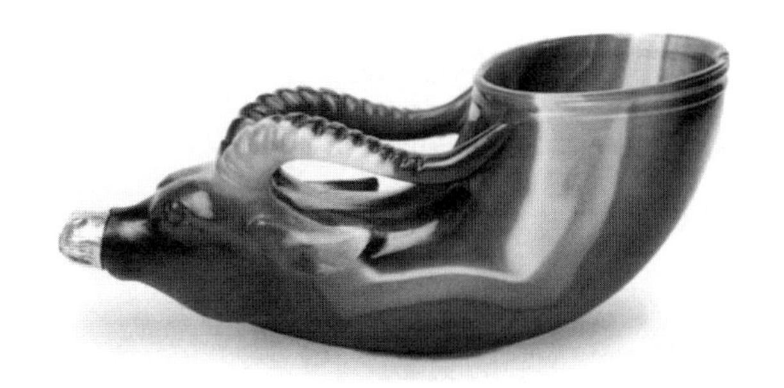

镶金兽首玛瑙杯

舞马衔杯纹银壶

跳舞的马。

与前面谈到的商代青铜酒器不同的是，盛唐的这些精致金银玛瑙酒器都已经是当时的帝王可优先享用的了。这些金银玛瑙酒器的出土位置是唐朝邠王李守礼的府宅，它们在安禄山打进长安逃跑前被匆忙埋在自家大院里。仅出土的纯金重量就等于当时全国三年的黄金税！远古时期的祭神祭祖，在一千多年后已经变成了祭皇祭王，只是更加精致。

对华夏文明酒史做个小结的话，那就是，越早的时候，我们的祖先对酒看得越是慎重。祭神祭祖这样一个神圣的酿酒传统，到我们二十世纪末几乎荡然无存了，甚至一些地方还在造假酒、造劣酒。[ii]

第九讲

古代君王皆好酒吗?

我们在上一讲里曾经提到，在公元前十二世纪到公元前十一世纪的一百年间，华夏文明——更准确一点应该说是华夏文明的中心地区，它的诸多边缘地区好像并没有立刻跟而随之——发生了重大的转折，而这个转折，对理解中原古代文明与酒的关系至关重要。在这之前，地上的王者、统治阶级的头号“老板”，所掌管的多是天上的事情，也就是祭神祭祖之头等大事。而从公元前十一世纪以降，统治者们的时间和精力开始越来越多地花在管理地上的问题、人间的事务上。类似的转变在其他伟大的古代文明里都曾发生过，虽然具体的时间段不尽一致。到了这个关口，有很多重要的世事便都借助于酒，要用到这液体调剂——用我们现在的俗话来说，酒在很多事件中都起着润滑剂的作用。因此，酒在民间互动，尤其是朝野仪式中的使用，便越来越有细节的规定和程序的讲究。

我们小时候念书的时候，老辈人讲故事经常会讲到古代统治者中的一些昏君，尤其是每个王朝最后的那位“亡国之君”的故事。那些昏君常常不临朝，总是在干其他的事，其中一件要事就是尽兴喝酒。因为担负着“亡国之君”的罪名，所以后朝在讲到他们喝酒的情景时，描述得极为夸张。在我们所晓得的众多统治者中，夏朝末代国王夏桀、商朝末代国君纣王都是著名的昏君；我怀疑用“昏”字描述他们，多半是因为他们太多时候喝得醉醺醺的。根据一些零星的“昏”资料，夏桀当时“酒池可以运船，糟堤可以望十里”。酒池里可以开动运输船那还了得！一定是后世史家特别是野史家太夸张，但多少还是说明了夏桀白天不好好干活、不好好上班，跟他的宠妃妹喜（“妹”读“莫”，故又名末喜、末嬉）整天混在一起，在朝中“一鼓而牛饮者三千人”——他不但自己尽兴地喝，而且在朝廷里敲响大鼓，大伙都来喝，一来就是三千人。至于商纣王，我们都听过他跟妲己鬼混的故事，尤其是“长夜之饮”（“以酒为池，悬肉为杯，使男女裸相逐于其间。为长夜之饮。”——《竹书纪年》)，甚至有次连续饮了七天七夜。

只要有喝酒误大事的特坏榜样，就会有随之而来的禁酒令。禁酒令据传说最早是由大禹颁布的。大禹治水之后粮食增产，有了可以造酒的更多粮食，中国酒起源故事之一的“仪狄造酒”便由此开始。一次大禹喝了仪狄造的酒，比以前喝的酒更香、度数更高，太好喝了，一高兴就给这酒取名字叫“旨酒”，意思是极为珍贵的酒。但圣贤之君大禹，转念一想，这么好喝的酒，如果给当官的、掌权的家伙们喝了，他们不就没心思好好干活了？所以，大禹下了禁酒令，命仪狄不能再造这种上等酒了。

待到商朝灭亡之后，周朝的统治者想起大禹禁酒的先例，为了防止周朝步商朝之后尘，也发布了禁酒令。这份禁酒令叫《酒诰》，是一份重要文献，收进《尚书》里的。可是禁酒哪是那么容易的？我们现在讲到历史上的禁酒事例，“前事不忘，后事之师”，这儿的“前事”里就包括了喝酒误国事的案例，都是后来为了凸显一个新的朝代统治者由前朝亡国之君身上得到的教训，以警示天下，特别是自家的晚辈们，因为他们要参与国事。

狂喝滥饮，当了亡国之君的坏榜样，当然不会只出现在特定的文明区域。我所知道的西方世界最恶心的例子是伏尔泰《风俗论》中描述的、外号叫“醉鬼”的万塞斯拉皇帝，公元1378至1400年在位的所谓“神圣罗马帝国皇帝”。这个皇帝没什么重大的实权，因为很多领地都是在封建诸侯的掌控之下，但名号崇高无比，被称为“caput orbis”，即“世界的元首”。这家伙贪杯酗酒不理朝政，听任国家处于无政府状态，波西米亚大贵族们只好在1393年把他关长期禁闭。可他竟然在第二年赤身裸体地脱逃出来，于是德国的七位“选帝侯”们以一纸判决书把醉鬼皇帝废黜了。已经向他宣读过废黜文告了，他还糊里糊涂，发正式信函致德国各个城市，说他没有别的奢望，只要求各地向他提供几桶最好的酒来证明封建诸侯们对他是忠诚的。严格说来，他是一个亡位之君而不是亡国之君，“神圣罗马帝国皇帝”是被推选上任的，醉鬼皇帝丢掉了皇位，这个帝国又换了一个元首。可见选举机制还是比较好的，不然醉鬼当实权皇帝后果更糟糕。

竹简中珍贵的劝酒乐诗

不过，这些远古之事在2008年之前都算是传说。直到2008年，海外华人购回来并随即捐献给国家的一批春秋战国时期制作的竹简，就是所谓的“战国竹简”，共有2388枚，共14批。因捐献者跟清华大学有些渊源，这批竹简现在被收藏在清华大学专门建的保存馆里，故又被称作“清华简”。这些竹简经过检验据说是真品，从2008年到2013年期间陆续解读出了一小部分，距离全部解读清楚还远得很。它们堪称“天书”!

竹简上的记载验证了历史上的很多事情。我不是古代史专家，只对其中与酒有关的那一部分特别关注。到2013年年中为止，解读这套竹简的专家组认为这些古文献可能是已经失传的《六经》中的一经:《六经》分为《诗》《书》《礼》《乐》《易》《春秋》; 古代很多统治者觉得《乐经》不是好东西，不正经，就毁了它，以后只剩下“五经”。而这批竹简是秦始皇一统天下之前刻制出来的，因而还保留了部分的《乐经》。《乐经》与音乐有关，更确切地说是与娱乐有关。

清华大学藏战国竹简《筮法》卦位图

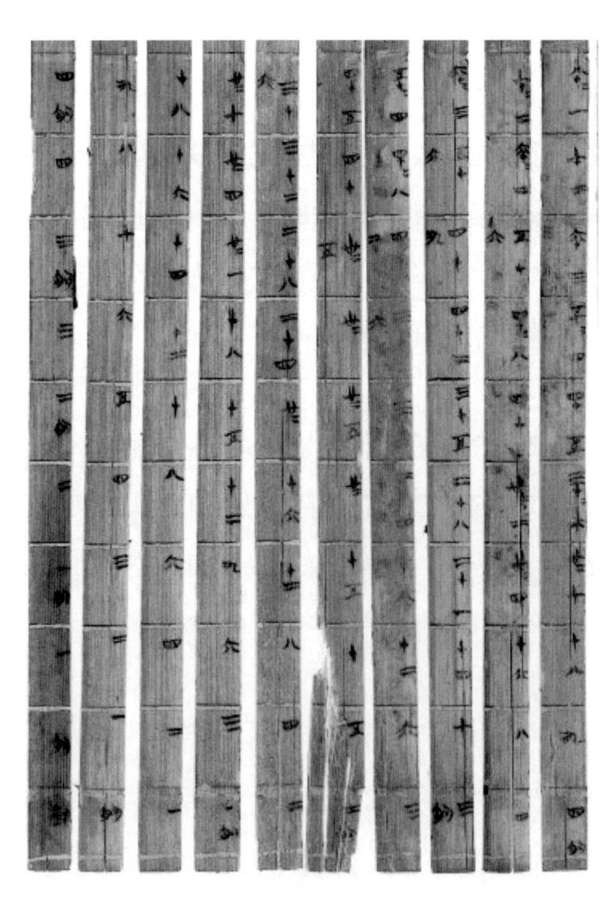

清华简

以前讲的那些传说、那些写在纸上的故事，我们都不能百分之百确定其为真实发生过的，只有经过现代考古科学验证过关的，那才是真的。《乐经》中有非常著名的劝酒乐诗，经过对清华简的考证，现在确定劝酒乐诗应该是创作于周朝初年，周武王八年，那时周朝还没把商朝全部推翻，但已经在把商朝的属国一块块吞并过来了。周武王八年距今三千多年啦。当时应该是打了一场大胜仗，打败了一个叫“耆”的小邦国，它是隶属于商朝的列国之一。为了庆祝这场胜利，周朝统治集团在他们视为最神圣的地方——周文王的宗庙里举行了一次国庆式的饮宴，参加者是当时周朝的几位最高统治者，包括周武王、周公、召公、毕公、辛甲——也就是从一把手到五把手都到齐了——此外还有作册逸、师尚父等高官们，这些名字我们都曾在《封神演义》中看到过，但现在他们真真切切地出现在这套竹简上。

清华简上记录了在这场饮宴上周朝最高统治者们互相敬酒的场面，以前我们纯然无知晓，是直到2009年才初步解读出来的。当我读到前面提及的董博士（他对古典文学尤其是诗词一直很专心学习且练习写作）传来的这份资料时，非常激动，今天终于能把这个故事跟大伙儿分享一下。在这篇乐诗中，有两首是与酒有关的，因为毕公在这次大胜仗中起了巨大的作用，所以第一首诗歌就是周武王请毕公饮酒：“乐乐旨酒，宴以二公。”二公就是指毕公和周公，这二位都是周文王时留下来的重臣，也就是周武王的叔伯兄弟辈。“纴仁兄弟，庶民和同。方壮方武，穆穆克邦。嘉爵速饮，后爵乃从。”意思是这杯美酒你喝了以后再喝一杯。

而后轮到周公致毕公酒，他也念了一首诗：“英英戎服，壮武赳赳。毖精谋猷，裕德乃究。王有旨酒，我弗忧以浮。既醉又侑，明日勿修。”最后这四句诗歌最有意思，周公说，这美酒是周武王的酒，我就一点担心都没有了。喝醉了以后很舒服，但是明天还不能休息在家，还要上朝工作。这里面的涵义现在知道的人就不太多了——为什么周公要作此番表示？提醒一下，上文提到的那篇《酒诰》就是周公命令康叔在其封地卫国宣布戒酒的诫辞。周公是华夏史上第一位大智大勇大贤大德的重臣，这就是为什么稍后周武王将他拜作托孤之卿，并且做了摄政王。周公律己极严，当然自己不会随便饮酒作乐，若非比他地位更高的人请他畅饮，他是不会举杯的。比他地位更高的只有他辅佐夺取天下的亲兄弟周武王，而且这是胜利之日特大喜讯传遍王畿之时！你想想，那是公元前一千多年的事，是基本上经过历史学和文字学考证的！所以我说华夏文明非常伟大，这伟大里的一块——酒统、酒史——是万万不可轻视舍弃的！

“祭酒”：一个高级官位

在本讲开头我提到公元前十二世纪到公元前十一世纪这段时间发生的一个大转变，是我二十多年前在台北市开学术会议时读到的二十世纪六十年代的一份研究报告中的史料，那时还没有清华竹简作证。现在看来，那恰好就是周文王、周武王时期。因为有了王者从专注天上事务到管理地上事务的大转变，所以统治者对于酒的使用有了更多的想象和发挥。由此而发，我们华夏文明中就有了一个非常重要的传统，这个传统一直延续到1911年中华民国成立以前不久：我们华夏史上多数朝代都有一个重要的官位叫“祭酒”。

这是很不得了的传统，这些华夏文明故事和酒联系起来以后含有精制文化和通俗文化的交融味道。祭酒原本是一项礼仪，就是把酒举起来祭天、祭地、祭祖、祭神。那么谁才有资格来祭酒呢？最早只有最年长的人才有资格做这件大事，而当祭酒这项礼仪延续了几百年上千年后，便出现了“祭酒”这个专门的官位。原本担任“祭酒”的长者除了祭酒以外也要做其他的工作，但随着重大祭奠——祭天、祭祖、宗庙活动、庆祝胜仗，以及播种、收获、王室诞子、举行红白喜事等活动的增多和越发的专业化，祭酒就从一项典礼功能变成一个专门的大官职位；而且，祭酒还是最古老的官位之一。

我们都知道“位列三公三卿”是什么意思，“祭酒”这个官位最早就属于这个范畴。到了汉唐两朝，祭酒成了最高的中央机关官位之一。在《汉书》中，战国时期齐国的官办学府“稷下学宫”中资格最老的首位官员，就被称作“祭酒”；到了汉朝，这祭酒官位则成了所有文官部门的一把手，相当于现在外交部、财政部、教育部、文化部的一把手，统统叫作“祭酒”。到了东汉，又出现了一个新说法。汉初崇尚马上打天下，汉高祖以后，统治者意识到马上可以打天下，却不能治天下，于是越来越重视文官和读书人，于是便有了“博士”这个称呼，而所有的“博士”中职衔居于首位的“博士祭酒”，每年的俸禄高达600石！再到后来，又有了很多其他的“祭酒”官衔，比如到了地区一级的郡国有“郡掾祭酒”，管理首善之都的“京兆祭酒”；到了明朝、清朝时，祭酒这个官位已经太多了……

从隋唐开始有了国子监，“国子监祭酒”就相当于现在的中国科学院院长加中国社会科学院院长。可能是为了精兵简政或是减轻朝廷的财政负担，这个官位在唐朝时降到了从三品。当然，从三品文官依然是个大官。到了明清时，“国子监祭酒”这官衔已然降到了从四品，其实还是相当于一个小省的省长，或是一个大都市的市长。一直到清朝光绪三十一年（1905）正式废国子监、办新学，祭酒这个官位才消失。这个延续了两千年的传统，在中华文明中显得多么有滋有味、有彩有色！

相比之下，欧洲略逊风骚。据伏尔泰收集的风俗史料，中世纪初期的封建领主们的主要仆人包括：一个司膳，管吃；一个司马，管坐骑参与打猎和打仗；一个司酒，管喝。时间长了，这司膳和司酒就成为罗马帝国的膳食总管和饮酒总管。法国国王（他名义上效忠于罗马帝国皇帝）从以意大利和德国为中心地带的罗马帝国那里学到这一套，任命向国王供应酒的人为法兰西司酒官，而国王自己宫廷里的面包总管和司酒官头衔就升级，成为法兰西面包大总管和大司酒官。这些公元十三到十四世纪的欧洲状况，其源头至少可以追溯到公元前十几个世纪。在《旧约圣经》里——那里面有神话也有古时初民经历的记载——埃及法老就有两个近臣：一个是“司酒官”，另一个是“司膳官”。他们的职责纯粹是打理物质文明的事务，不及自公元前四世纪左右起有记载的华夏文明核心区域，“祭酒”已经升华为官办高等学府首脑的官衔了，此一职责的教化——文学、艺术、礼仪，包括祭奠饮酒的仪式，等等，都在其中——的含量远远超越了物质文明的层次。

民间的祭酒仍在

幸而，即便“祭酒”这个官位于1905年后已经消失于中华大地，但是祭酒的礼仪并未全方位消亡。在很多农村和小镇里，我们还能感受到它的厚实力量。在我的家乡皖南，过年祭祖时，家族里最年长的就把全族所有的人都召集起来，按照辈分齐齐跪下，男跪前女跪后。接着，长者就把自己家酿的酒端出来祭祖，在祖宗牌位前念念有词，将酒举过头顶洒一洒，第一樽酒祭天，第二樽祭地，第三樽祭祖。三樽酒祭完，无论男女老少都可以坐在桌子边喝点酒。在记忆中，我从来没有像其他小孩子一样因为尝了一点酒而辣哭的事，我从小就觉得，酒这个东西啊，真是又好喝又美妙又开心又启思！到了我长大能读点书的时候，看到古代的祭酒故事我就想到，我们乡里过年时的传统仪式，肯定跟这个祭酒仪式有联系。后来我知道了，这里面的渊源实在太悠远、太深厚；这也印证了我认为古代最重要的文明要素与“祭祀”有关，出土文物中有些是用来放食品供祭的，但更重要的“祭”是放酒的；由此，才把文明中的这些要素都融为一体，串了起来。

聊到这里我们大体上谈完了“文明中的酒”，以后我们会接着谈“酒中的文明”；这两部分密不可分，又各有偏重。从下一讲开始我们会更多讲酒本身，把世上最好最美最诱人的那些酒，不管什么品种，不管如何酿造，不管哪种原料，统统端上来，讲讲它们和它们周围五花八门的与文化传统、社会变迁相关联的趣事。[iii]

中　篇

小小寰球，有几处美酒可觅？

在我们这一代人年少的时候，爱读书的学生娃除了课本以外能读到的就是那几本革命文选，像《毛泽东选集》《毛泽东诗词》等。很少有青少年像当时的我那样，竟然对毛泽东诗词那么迷恋，直到现在我都还保留着一本二十世纪七十年代发行的印刷讲究的大字本《毛泽东诗词》，其中有一首写于二十世纪六十年代初的宏词，词中有言：“小小寰球，有几个苍蝇碰壁。嗡嗡叫，几声凄厉，几声抽泣。”这首词发表之后几年，中苏公开决裂，双方爆发大论战，到了1966年就敌我分明了。我取“小小寰球，有几处美酒可觅？”作为本篇的标题，不仅与原句押上了韵，还颇有一些化腐朽为神奇、化干戈为玉帛的意味：原句是与邻国为敌，我们今日却是与世界为友，到处寻石油天然气（那是国家的战略项目：俄罗斯是主要提供国之一），到处寻美酒（那是笔者的个人项目）——讲述我本人在世界各处寻觅美酒的亲身经历，其中有丢人的，也有耀人的，有气人的，更有动人的。

第十讲
宣城美酒引来了酒仙太白

这地球说大也不太大，但说小也不太小，这一连串的寻酒故事从哪儿起步呢？思量几番，全球觅美酒的故事，还是得从我的家乡安徽省宣城（指我小时候的宣城县及周边的区域，如今的宣城市地域扩展了几倍）说起。在我头脑之中，所有以后在“小小寰球”上寻觅美酒的事迹的刺激，都是从我在安徽老家找酒开始的，那是老根据地。最早启发我在安徽老家四处找酒的，是那位在“天下”，也就是古代华夏疆土概念中的最广大区域，寻觅美酒最有名的一个实践者——李白，雅号酒仙，别字太白。我发现一个有趣的现象，凡是在中原大地稍微有名一点的地方，早先基本上都会有一个“太白酒楼”。这大概就是当年李白遍寻天下美酒的证据中的一点铁证。

李白天下觅酒经历中很重要的一段，和我的家乡宣城有密切关联。而且他还不是一次两次来到宣城，还不是偶然到访，还不是停留短暂时间，还不是没留下切实的证据。其实，李白在遍天下找酒找到宣城之前，已经找过很多地方了。他在此之前所搜索过的地方，都是古代出美酒之处，像四川，像中原政治文明的中心地长安周围，等等。李白这个人呢，身在福中不知足，虽然潇洒透顶，不用上班，不用考试，不用跑官，不用借钱买房子、买车、买医疗保险，等等，却还总是觉得日子过得不舒服。又碰上大唐朝廷政事军事大乱，在官场混得很不开心，最后朝廷甚至都不给他发工资了，他相当于下岗了。虽然吃饭并不成问题，但是严重影响到他喝酒的爱好，这可是他的头等大事——李白这就很郁闷了，没钱买酒喝，在京城里也没人拍马屁进贡好酒给他喝。

李白在长安倒了大霉，落难了，幸好因为海量名气而逃过了下大牢砍脑袋的厄运。当此之时，李白的一个远房堂弟李昭，在宣城郡做地方小官，官位“长史”，秘书级别的。唐天宝十二年（753）上半年，李白收到了李昭的一封来信，信内邀请李白到宣城长住。可在交通不发达的古代，路途如此遥远，李昭自然要好好夸奖一番宣城，才能令李白动心动情动力动身前来。信的全文我至今也没找到认定的细节，但我们小时候读书时都读到过信的核心内容，主要集中于李昭对宣城的三方面海夸奖、神描述，很像当今第一流的地方政府旅游推广材料。

李昭说，宣城这个地方，一直是有名的诗人来了非得久待的地方，其中最著名的就是南朝的谢朓（与另一位大诗人谢灵运被合称为“大谢小谢”）。谢朓曾在宣城做过太守，公元495—496年出任，因而“宣城”即为他在文坛和官场上的别号。要知道，李白在诗歌方面自视很高，向来都是看不起他之前的任何人的，唯独这个谢朓，是他心中最出色的诗人，唯一令他“低首”的前辈。清初文坛领袖王士祯在其《论诗绝句》中就曾评说李白“一生低首谢宣城”。

至于第二点夸奖，则从人文风气讲到了自然环境。李昭说宣城环境好、风景好，言语之间将宣城的美景渲染得美不胜收，相当于我们今天说某某地方“零污染”“五A级”，是地上的天堂。除此之外，宣城还有座山名曰“敬亭山”，谢朓在宣城做太守期间还曾作诗颂扬此山。诗人里边只瞧得起谢朓的李白心想，谢朓既然在那儿做过太守，还十分欣赏那里的风景，光是这两点，已足以让李白心痒痒了。

而后李昭又加上了第三点：宣城还出美酒呐！如果说前两点把火烧到了五十五到六十度，那这第三点就是把火烧到了九十九度以上！李白彻底等不了啦，顾不上跟家里打招呼，便一个人匆匆忙忙地跑到了宣城，颇有点“见享受就上、闻美酒当仁不让”的味道。

酒仙太白哭善酿纪叟

李白第一次到宣城的时候已经五十二岁了，从这一年到他去世的六十一岁，这九年的时间里他基本上都在宣城周围转悠，光是到宣城就至少来过六次。而他最终的辞世之地，也是在宣城的近旁，历史上曾是附属于宣州的。在宣城的历史上，来过许多有名的人物作诗、撰文、书法、绘画，包括白居易、杜牧、韩愈，等等。但是没有一个人能像李白一样，被我们家乡爱读书的小孩认为是宣城历史上最值得纪念的相关人物。我小时候看到的宣城，实际上已经破败不堪了，所以我很难想象，这个又穷又烂的地方，竟然能在李白最后的十年里将他牢牢留住，留下了他的肉身，留下了他的酒名，又留下了他的诗魂。

李白在此期间写了非常多的诗歌，我们能够从这些诗歌中揣摩当年的宣城为什么那般牢牢地粘住他。非常重要的一点就是，宣城的酒好！李白一到宣城，就听人家说宣城的酒坊很多，其中最好的一家老板姓纪。纪老板年纪已经很大了，历史上也没有留下这位普通劳动者的名字，只有李白的诗中记录下当时的乡亲们称这位酒坊老板为“纪叟”。叟的意思是老头子。纪叟酿的酒在宣城地方志上有记载，叫“老春酒”——“春酒”这种酒是汉人古文化圈里的一个特殊品种，这个故事我们在后面还会讲到。

宣城地方志上称这位纪老爷子“能礼贤士，常饮李白以酒，了无吝色”，意思是他以酿酒和卖酒为生业，却一点也没有商人谋利为上的习性，礼待贤士，觉得酒仙李白能来喝他的酒，实在是太好了，因而总拿出最好的酒给李白喝，还从不收李白的酒钱，一点计较和勉强都没有。据说，每年到了过年关的时候，纪老板就会把墙上李白欠的酒钱都抹了，不留痕迹。李白与纪老爷子的友谊由此维持了八年，直到唐上元二年（761）纪老爷子去世。虽然是远房堂弟李昭将李白请到了宣城，但是我们现在翻阅李白在宣城期间的诗歌，里面很少提到李昭，更多的是提到纪叟——酒中仙遇到酿酒大师，喝酒不要钱，八年里，他们之间的友谊深厚得超越了同宗的血缘关系。因此，可以想见纪老爷子的去世对李白的情感打击有多大！纪老爷子去世时，李白在他的酒坊里喝得半醉半醒之间，写下了挽诗《哭宣城善酿纪叟》：

纪叟黄泉里，
还应酿老春。
夜台无李白，
沽酒与何人？

（天人相隔，我李白也下不到地府与你聊天，你再酿那么好的老春酒又给谁喝呢？除我之外，天上地下，谁又配得上饮你老人家的独门佳酿呢？）

小时候，我们师范附小、宣城中学几位优秀的语文老师包括本书提及的陈小平等人每每念到这首诗，都忍不住流泪，我们听着也觉得十分伤感。李太白在天下寻觅美酒的漫长旅途里，终于在我的家乡宣城找到了让他永远不能忘怀的美酒。八百多年以后，李太白与纪叟的酒情友谊还感怀着诗人文士。明代大文人梅禹金（梅鼎祚，戏剧大师汤显祖的好朋友）曾有《保丰台登览怀李白》一诗道：

白也白也今在无，
尔其如在归来乎？
文章光焰高万古，
万古精灵当与俱。
忆昔老春悲纪叟，
恨不夜台且沽酒。
试今而复兹地游，
善酿主人一何有？

但这“老春酒”虽然名满皖南，却还不是李白在宣城郡找到的唯一美酒。很快，他在宣城周围寻觅美酒被人给忽悠了，悠然谱写出一首千古佳诗。此乃我们下一讲的故事。[iv]

第十一讲
“十里长亭，万家酒肆”的浪漫主义和现实主义

李太白寻酒跟我们普通人如今寻酒非常不同的一点，就是他实际上是在“被动”地寻觅——他老人家的名声实在是太大了，“天子呼来不上船，自称臣是酒中仙！”有文字记载的三千多年中国文化艺术史上，有哪一个读书人饮酒能饮到他这般地步？天子都可以不理睬，只要杯中有好酒！

西周时代已有“春酒”的记载

一千二百多年前纪叟酿的“老春酒”究竟特别在哪里，细节已经不可查考。根据曾在哈尔滨工作的一位考证专家夏家骏早年的梳理，“春酒”与我们前面提到的“旨酒”，

在《诗经》里都已经名列华夏酒的正统，估计是先民在“春社”这种农耕文明里极看重的祭典时节酿造以派上大用场的。后人大概就把祭典时的配方保留下来，酿造来作为上等商品，供贵族士人享用。在宋代古籍里，我们还可以见着“春酒”姐妹系列（我们的老祖宗真是市场经济的老手，一千多年前就会搞系列产品！）—— 诸如“荥阳土窟春”“富平石冻春”“剑南烧春”，等等。虽然“春酒”的配方现在已经失传，但它十有八九属于原发酵粮食酒，度数不高，二十度以下，米酒类，小米、大米、糯米都有可能，也许其中还加进了少许的草本成分，这是华夏古酒大家族里相当成熟的酿造法。纪叟在“春酒”前加一“老”字，应该是精心陈酿，醇厚异常，喝进肚子里感觉特别和顺绵长。李太白饮酒不是饮够了就去睡大觉打呼噜，而是要从事高端精神生产的，写诗作歌。我们前面引述的宋朝窦苹《酒谱》一书里特别赞扬：“李白每大醉为文，未尝差误。与醒者语，无不屈服。人目为醉圣。”真乃地上神仙一个，醉了还是“圣”！别人醉了只能变成“鬼”——“醉鬼”。

说李白寻酒多半是“被动”寻觅，缘由是太多的人慕名而来，请他求他抬他拉他去尝酒。“请”和“求”的操作中，也免不了忽悠，因此留下李白在宣城郡另一段极具戏剧性的觅酒故事。

“不及汪伦送我情”

我所出生的宣城故地，北面靠近长江，交通非常便利，因此来往的历史名人众多，商业也很发达（这是说晚清之前，跟近代天差地别）。越是往南边走，越是靠近古代大徽州的地盘，满眼尽是高山大川，地势起伏复杂，路途极其难走。李白到了宣城以后，另一位当地的名人想要请李白到他所在的宣城以南一游。这位邀请李白的名人就是汪伦，李白不仅为他写过诗，还写过传记，可惜传记已失，不知底细。汪伦去世后，李白也为他的墓碑题词，据说墓碑一直保留到清朝光绪年间。

汪伦当时在现称泾县的县城（古称万村）当文官，工作主要是记录县里的一些文史资料。身为文化人的汪伦得知李白到了宣城，想请李白到万村来，但是山路崎岖、交通不便，怎样才能把李白请来呢？汪伦于是请人带话给李白，告诉他赶紧来万村，我们这儿比宣城那个地方有趣多了！

李白心想：宣城有老春酒，有敬亭山——他咏诵“时游敬亭山，闲听松风眠”，你那儿能比这儿好？李白一生把天下都走遍了，神仙笔下写了多少名川大山，却仍然在赞敬亭山时写道：“相看两不厌，惟有敬亭山。”

汪伦诱惑李白说：我们这儿的山景虽然比不上敬亭山，但这里有个非常有名的水景，九华山上流下的青弋江水在万村这儿打了个大大的弯，形成了一片天然湖——这就是著名的桃花潭。汪伦知道仅仅夸山誉水还不足以诱惑太白仙人，于是奏出终极法宝：泾县除了“桃花潭水深千尺”，还出好酒呐！你老人家从宣州谢朓楼开始骑马往南逶迤而行，进入我们县城北境（泾县属于早先的宣城郡管辖，紧挨着如今的宣州），就有“十里长亭”，而且还有“万家酒肆”！李白一听来人的传话就血压上提、精神焕发了：“十里长亭”有多壮观有多烂漫！每过五百步就有一个酒肆，为了防止你酒仙走错路，每个酒肆上都挂了“太白”的牌子，这可是专门为你老人家准备的。

李白觉得这太诱人太感人了，于是赶紧半鞭马半步行向南前去。去了泾县以后才发现，汪伦是在忽悠他：“十里长亭”其实是在距离谢朓楼十里路的地方，有一座凉亭，也不过是把“太白”名号旗挂在了旁边的树上。所谓“万家酒肆”，就是在县城之内，有一个万姓家族开了一家酒楼，名为“万家酒肆”。小小县城周围当年的全部常住人口也就几千，你开一万家酒肆，谁来消费？李太白神人一个，可没学过经济学统计学，被人蒙了！

但是，汪伦对李白的感情还真是深沉无底，李白到了以后，汪老爷子把他所能找到的最好的地方酒都给找来了，进奉酒仙。李白觉得虽然没有纪叟那家的老春酒好，但是奉酒之人的情意又重又深又醇啊。过了一段时间，李白要离开泾县了，汪伦对他依依不舍。即便山峦起伏、车马颠簸、交通极为不便，还是一路将酒仙送到了泾县地域的边界。因为汪伦是泾县的编制内主要官员，按照朝廷规矩送贵客只能送到县界，越过界就得有对方的地方官来恭迎。在汪伦的殷勤陪送下，李白一路慢慢悠悠地观光，一路痛痛快快地喝酒，一路开开心心地吟唱。汪伦在送别李白的岸口，为李白粉刷清扫那儿原有的一座阁楼，即后来名垂青史的“踏歌岸阁”。如此友情酒谊，李白当然不会不以诗歌将其记录，于是便有了那首千古绝唱——“李白乘舟将欲行，忽闻岸上踏歌声。桃花潭水深千尺，不及汪伦送我情。”

心中思李白，重返桃花潭

以上那些大半是真实发生过的事情，在皖南的口述文化史上代代相传，在地方志上也能找到一些旁证。我在2005年初夏从海外经由黄山重返泾县时，交通依然不便，与李白被汪伦真情忽悠的动人故事相关的很多遗迹也依然存在，虽然破败得令人伤感。由于青弋江上游造了水坝水库，桃花潭水已经不再“深千尺”，水质却依然是眼下中华大地上难以寻觅的清澈见底，几尺深的潭底小鹅卵石粒粒可数。当时我们一家人同去，由已经当上了两届宣城市政协副主席的全国特级语文教师陈小平——他是我平生最老最好的朋友，从1966年到1975年的十年期间，和我相依为命，又是第一位幻想着“丁学良，你要是有朝一日上哈佛镀镀金就好了！”的人，几年前我出版的一本回忆录就是敬献给他的——等地方统战部门职员陪同，在桃花潭上坐着狭窄木船，品着潭里的野生“琴鱼”。泾县接待方不是以当地烈酒而是以当地绿茶佐鱼，因为接待我的政协人士生怕我喝得陶醉，会凭兴跳水游潭。不过为我送行的那顿午餐，却是在当年汪伦接送李白的“踏歌岸阁”古渡口摆的酒设的宴。接待方解释：几年前本地也曾经试图推出“桃花潭酒”，以配合观光业，可是没能成功。今天拿来招待我们的，就是本地陈年土酿，连个商标都没有。几杯土酒落肚，接待方请我立马“兑现”赋诗作词挥笔留念一首——这是我们皖南那一带的旧规矩，本地男儿出外求学、为官、经商多年，返乡省亲的时候，要如此这般，否则会被故土乡亲视为大大的失礼。

我四顾周围山水，怀着对我心目中最伟大、最潇洒、最特异、最烂漫、最个性、最率真、最向往、最不可模仿的华夏诗人的亲近之情，抛出如下四句：“学习李谪仙，喝酒不花钱。时常骂小人，偶尔戏贵妃。”

读者诸君不要以为笔者的五言短句放在这个场合是对诗仙醉圣的大不恭敬，一点也不！李太白本人就作过打油诗，而且此诗描述的对象是诗圣杜老爷子：“饭颗山头逢杜甫，顶戴笠子日卓午。借问别来太瘦生，总为从前作诗苦。”身为穷光蛋的大诗人大画家大酒客郑板桥的《赠小偷》更是直白："细雨蒙蒙夜沉沉，梁上君子进我门。腹内诗书藏万卷，床上金银无半分。"我们熟知的大诗人中最具生活趣味的苏轼，民间有一首流传是他作的打油佳作《竹笋焖肉诗》堪称句句流油飘香："无竹令人俗，无肉使人瘦。不俗又不瘦，竹笋焖猪肉。"所以，纵观华夏的诗酒风格，我算是承传统接地气的一个忠诚晚辈。[v]

第十二讲
醉圣来之前和来之后的诸般“有名”

醉圣李太白是仙逝在宣城近旁的江城当涂。时值农历八月正中，写下“举头望明月”的李白登上长江急流中的扁舟，边喝酒边赏月。酒兴正浓之际，猛然看见江中一轮满月荡漾，他寻思这是月宫嫦娥邀他去共度中秋佳节，品尝月桂天酿，于是纵身跃入急流去拥抱明月。他跳江之处采石矶正是长江九十度急转弯之点，怎么打捞，也捞不着湍急江水中的太白遗体。后人在他落水处江边山顶上为他建了个衣冠冢，外加一座太白庙。小时候听说，几百年来香火一直很旺。我第一次路过太白庙是在 1967 年隆冬之际，太年少还不怎么懂事；第二次拜李白衣冠冢及太白庙是在 1975 年夏，此后再也没去过，因为看了有几分失望，我来告诉诸君为何有此等感觉。

醉圣来之前已经文有名武有名

李白把他的一条命丢在我们家乡一带，也把绵绵不绝的诗魂酒魂留在了那里。他辞别人世之后，不知道有多少诗人墨客追随着他的仙踪来到宣城，为的是寻觅他咏唱过的山水，诵赞过的美酒，好沾上一点他的灵气，分享一点他的酒缘——华夏大地千年以来，谁人能抗得了谪仙的魅力?

以后我识字念书，读的正书野史多了，就发现不但在李白之后，在他之前也有，近两千年里，不可胜数的华夏传统文学尤其是诗歌的脉络，是和宣城这地方盘缠牵连在一起的，比如李白一生中最敬重的诗人、前面提到的曾在宣城做过太守的谢朓。但要说在宣城做官的华夏文化史上的大人物，能查到的最早的一位，是于晋成帝咸和二年（327）到这里出任内史的桓彝，比谢朓要早多了！其实宣城那个县城城池最早就是桓彝造起来的，城墙周长七里多，历史上称为“子城”。后来的城墙都是在这子城的基础上建起来的，我们小时候去挖城墙砖，说是往下挖得够深，就能挖到桓彝时期的古砖——当然，我是没挖到过，都是听长辈们说的。我们自己挖到的，多数是清代的城墙砖。

在桓彝之后谢朓之前，宣城还来过一个更有名的人：《后汉书》的作者范晔。那个时间段上，范晔官至吏部尚书郎，当时的中央政府里一共也只有六个尚书，这职位便是高级文官了。这个范晔也不知道惹了什么事，被皇帝贬到宣城来当太守。他的《后汉书》九十卷大部分都是在宣城做官时写的，很有点像当年司马迁被贬后写《史记》的景况。范晔比不上司马迁这位超一流的史圣，但在华夏文化史上的地位也属于第一流的了。

到目前为止我们讲过的桓彝、范晔、谢朓皆为文官，在武官中间，最早被派去宣城当大官的是谁呢？三国时东吴有三名大将，其中一位叫丁奉（虽是同姓，但和我们家真没有可上溯的关系），在《三国演义》中频繁出现。丁奉当官的地方，就是我的出生地，后来被称作“金宝圩”。“圩”字多用于长江中下游，我问过老辈人，这个字的意思就是把地势很低的地方围起来，圈成良田种水稻，因此在我们那儿读音为“围”；在广东省南部，它的发音是右半边“于”。在我们那儿的地方志上，丁奉被认为是开创了金宝圩这块区域先进农耕业的最伟大的地方官。他被东吴一把手孙权派到金宝圩时，官衔为“五路总兵”，仅次于当时的最高军事长官“大司马”。放在当今军界的话，丁奉就是陆军总司令，与之对应的东吴水军最高将领则是鼎鼎有名的周郎周瑜；巧了，也是个安徽佬。

丁奉任职期间将古代江南最大的五湖之一“金钱湖”给围了起来，在这二十五万亩的大圈子里饲养军马。东吴和魏国、蜀国常常打仗，而在当时，养军马几乎可以说是打仗的首要制胜条件，所以最高军职叫作大司马。军马一批批养出去之后，丁奉突然发现，这大片圈地那么肥沃，于是又组织民工进一步修建，把它变成了江南的一大鱼米仓，也是孙权的粮食基地，金宝圩这个名字由此而来。我们小时候，每年秋收时，特别是中秋节，都要去“总管庙”拜祭丁奉，这庙是专为丁奉建的，他是金宝圩军马场的总管。可惜“文化大革命”中这土风乡情十足的感恩老庙给毁了。金宝圩紧挨着长江支流水阳江，江边东西两岸各有遥遥相望的一塔一亭，最早都是由孙权下令建的，后来历代修葺，总算维持了下来。我记得1958年我们家还在那个亭子里临时住过个把月，经常接待来访的好奇客人。在当地传说中，这亭子与孙权的一片孝心不可分：当时孙母吴国太得病很难医治，孝子孙权一天夜里哭着做梦，梦见有人告诉他建一个亭阁，上天就会怜悯他的孝子之心，他母亲的病便能治好了；“生子当如孙仲谋”不是没根据的。水阳江东岸的塔曾是丁奉养军马时用的瞭望台，如今与西岸的亭一道，依然还在那儿。所以你看，我们幼小时身边有那么多东西都是跟历史相关，跟古代名人名事连在一起的；我们就是被古人故事熏陶大的。

醉圣来此之后又加上了酒有名

这往后就是李白跑到我们那儿找酒了，当然主要是因仰慕谢朓而来的。但自从李白来了以后，宣城这地方的名声马上就跟诗酒交融一体，一脉相承延续千年以上，跟醉圣来此之前大大的不一样，太不一样了，所以我们那儿的文化史是以李白为千年里程巨碑的！太白之后，韩愈、白居易、杜牧等都在那儿待过一段时间，在宣城写过很多诗歌，歌诵过很多佳酿。比如说杜牧就在此做官六年，写过一首非常有名的诗《题宣州开元寺》，诗中曰：“南朝谢朓城，东吴最深处…… 留我酒一樽，前山看春雨。”他晚年入京城时告辞宣城，诗中浸透着酒和泪："江湖酒伴如相问，终老烟波不计程。"

说到白居易对宣城的感情，那就更深了。白居易虽然原籍是山西太原，唐贞元十六年，也就是公元800年，他却是由宣城地方官——时任宣歙观察使的大文士崔衍推荐并选拔为"应贡进士"上京应考的，在长安及第考取第四名进士。他衣锦还乡，却没有待在祖籍，而是又回到宣城，眷念的就是宣城一带的诗气文气酒气灵气。白居易后来即便在洛阳官至太子少傅分司，也还是对早年在宣城读书饮酒的日子感念不已，作诗《寄赠郡斋》："再喜宣城章句动，飞觞遥贺敬亭山。"韩愈在宣城待了七年，十三岁时随长嫂和幼侄来此，因为他们祖上在宣城置有庄园。文名之大、官名之高如韩愈者，在对后辈作家交代说："宣城去京国，里数逾三千。念汝欲别我，解装具盘筵。"——还是跟诗书佳酿有关。宋代大文士黄庭坚更是入迷："试说宣城郡，停杯且细听。"一说到宣城，你不能不以酒润润喉咙！大科学家沈括也在宣城当过知府，文天祥也做过宣州太守，汤显祖等人也都在宣城待过很长时间。地方志和历史上可以查证到的与宣城有关的最后一个大文人（中、小文人都不去算了），便是清初“四画僧”之一的石涛。石涛原姓朱，本为安徽佬明太祖的血缘子孙，为躲避政治纠纷而出家，号“苦瓜和尚”。石兄苦瓜云游各地后到达宣城，在敬亭山住下隐遁，在他的名画中，有《敬亭山上采茶图》《敬亭山下农耕图》等，价值不菲。直到二十世纪五六十年代，郭沫若还兴致勃勃地来到太白庙祭拜他最崇拜的诗人，对着李白坠江的采石矶发感慨，又写诗又题字又喝酒，流连忘返。

“这就是李白诗中的宣城吗？”

在家乡，像我这样的穷孩子能得到正规学校的训练极少，启蒙教育多半来自民间非正规的文化溪流，其中就包括长辈们口耳相传的典故、诗歌、家训、格言、碑拓。我们得承认，在这个世界上有正规的文字教育之前，最重要的文化传承靠的就是口述，可以长达数千年而不绝;《荷马史诗》就来源于早期的口述传承。我们金宝圩家乡的那些长辈中有些没念过书，有些只上过一年两年的私塾，他们不会写太多的字，却能朗朗上口背诵很多古诗词、成语和典故，讲述的野史更加丰沛浓厚。有个场合特别有趣：碰上有几个好朋友又有一两瓶六十度上下的白酒，每一杯酒都不是白让你喝进肚子的，你得亮一亮你的才气。于是就有某个人启动，抛砖引玉，下面几位酒友轮流接招，接上招而且接得漂亮的，大家敬你一杯，干啦！这里便是一出好戏。抛砖引玉人说，明朝年间我们这边有七个穷秀才集群上京赶考，八月十五中秋节离家，行程匆匆，几天后行至江边的文化重镇扬州，投宿一家大客店。客店紧挨着一座青楼，青楼花魁艺名“大乔”，为她伴奏的琵琶女艺名“小乔”。看官，这合称二乔的“大乔”“小乔”原是三国东吴君王孙权和大将周瑜的妻室，乃国色天香的一对姊妹。这青楼的头号二号艺伎在堂堂的扬州城里敢于如此冠名，其才貌自然双绝。把酒吟唱三轮之后，大乔发话：你们几位寒门秀才上京赶考，口袋里的盘缠可不能一路花费在青楼红楼。我们今晚暂不收费，给你们出个诗题，你们应对合拍，分文不取；应对不上，留下银子。于是七位穷秀才齐齐叫好。大乔开题道：我们二乔的诗从“一”起头，依次一直到“十”。你们七位秀才的应答诗须颠倒过来，从“十”到“一”。二乔的诗是：“一有大乔和二乔，三寸金莲四寸腰。买来五六七色粉，搽得八九十分娇。”

七位穷秀才一时应对不出来，在庭院里兜圈子拍脑瓜，一个个无奈陆续退下，回房睡觉去了，只剩下一位秀才还在兜圈子。忽然五更鼓声响起，秀才抬头一望，空中斜挂着的明月依然接近满盘，登时脑瓜开窍，急急忙忙闯进大乔小乔的房间，推窗让她俩遥望空中，应答诗喷涌而出：“十九月亮八分圆，七个秀才六个回。五更四点鸡三叫，我与二乔一床眠。”

你看，这就是我们金宝圩那儿的乡村赛诗会！记忆中这一对应答诗特别鲜活，是有个缘故。1979 年，我通过自学，成为我们那儿八县一市两年报考研究生中的百多名考生中唯一中选者。赴上海复旦大学之前，农历八月中旬我回金宝圩告别乡亲。两位舅舅问我去读什么书，我说是“硕士研究生”；他们不明白“硕士”是干什么的。听了我的解释，舅舅家的几个表兄琢磨出来，它相当于明朝的“进士”，因为“举人”经县州府会考，考中者是“贡士”；由贡士经殿试成功的，才能成为“进士”——硕士研究生是全国统一会考硬考出来的。在为我送行的乡村土酒宴会上，表兄们出“二乔诗”考我，我跟那六个穷秀才一样，绞尽脑汁应答不出，很是泄气，于是就牢牢记住了这一对“花诗”—— 按我们那儿的老传统，青楼红楼上吟唱的诗歌，哪怕是出自名士之口，都算是“花诗”。

等我长大了、条件好了一点，开始能够向学校图书馆和老师借书回来看以后，才发现我从书中读到的，许多真可以和家乡长辈口述的攀上线对上号！这实在让我感怀：一方面感到欣慰，觉得那些长辈们虽然没上过学，却真有学问；而另一方面呢，又觉得伤感，因为我曾听过的那些故事、读过的诗词、相当亲切的华夏古典文化传统，在我所长大生活的那个环境里，越来越是迹象少有甚至无迹可寻了。在我离家到上海、到北京、到国外念书以后，每次回老家去，这种伤感的情绪，都在那，而且越来越沉，越来越厚，越来越深。但凡手里有点跟家乡相关的古典文字书画的东西，我都会时不时地拿起来念 —— 虽然有些已经念了不知道多少遍了，像李白的诗歌。念着念着，就很伤感，强烈地伤感：这么伟大精致的文明，怎么就没留下什么遗迹呢？

我在讲这段故事的时候，马上就是马年春节了。每到农历年这个时候，我心中这种怀念的思绪就特别浓。深觉从出生后就浸染在其中的华夏传统的东西，保不住了，没了，更无力去挽救。这类似于李白投江时的心情：当晚他在江中看到的那轮明月，他觉得那么美，他觉得嫦娥就在那里面，所以他向往、他迷恋，于是，他投身江中。而对我这个和他相隔了一千多年的小孩来讲，早年读他的诗，看着我所置身于其中的宣城，不禁犯了半腔疑惑："这就是李白诗中的宣城吗？"那些诱惑了伟大醉圣最后生命片段的山水、楼阁、美酒、文风、民俗在哪？那些可是与我的灵魂难分难舍的啊，它们哪儿去了？李白诗中的精致文明，我梦中无穷的情感之源？

我发问的此刻，手里握着二十世纪七十年代出品的斯里兰卡白瓷描金杯，就着日本大正时代酒学徒竹鹤政孝（Masataka Taketsuru）从英国带回家的纯净麦芽威士忌延续而来的陈酿，伴着古琴和埙合奏出的《魏晋悲风》忧曲，伤感地怀念着我的故土——为家乡一个精致古文化或许是永久的消逝，凄凄然，惶惶然。[vi]

第十三讲
酒中的文明遭遇战火

在我离开家乡、行走于五湖四海西洋东洋觅酒的漫长岁月里，心里老带着那个悲怆的疑问：“李白诗歌中的宣城哪儿去了？”从江南到华北、从东方到西方然后又返回亚洲，从内地到香港、从大陆到台湾再到南洋（那里有几个华人社区几百年不曾隔断的渊源，能告诉你清朝以前的真实中原的很多生活细节）。好多年里漫步海内外，累积下来，跟老人智者聊天，向旧书洋书讨教，大体上把这靠近长江南岸的一片古典文明被损毁的历史悲剧的源头，理出一条粗浅的线索：祸根是战争，三场漫天的战火。

古代的精致文明付之三炬

听了读了那么多有关古代宣城的美不胜收的故事和文字，再看看我小时候身边的宣城，又破又穷又丑又脏又乱，包括方言以及社会生活的方方面面，听起来看起来都是以粗劣的低卑的为主体。唐诗宋词元明剧曲中的那个宣城，在我的身边基本上无迹可寻，除非是跑到交通极其不便与外界大半隔绝的山区和圩区。这种反差对比对我从小就是个伤心的刺激，一直想搞清楚这到底是怎么一回事。如果说汪伦当年为了把李白哄过去喝酒，忽悠说这个地方多好多好，也不可能一千多年里那么多华夏文化史上的杰出人物提到宣城时都在忽悠吹牛吧？他们又不是同一家商业广告公司出来的！每念及此我就感到痛心，为的是古代华夏文明区域中精致的无形有形的遗产几乎没了。反反复复多少年的追问探询，终于学会把零零星星的东西凑在一起；由此发现，宣城历史中那些曾经辉煌的古典文明要素，基本上都毁于战争了。主要归因于三次有名的战争，后面的两次尤为厉害。

对江南文明的第一次大规模破坏是清兵南下征战途中。

小时候我们念过最多的与此有关的惨剧是“扬州十屠”故事，后来听安徽沿江地区的老辈人讲，当时清兵只有攻下长江沿岸的几大要塞才可能占据整个江南，安庆（旧时的皖南门户，前安徽省省会）是把守长江的一座主要富城，因此清兵在安庆这一带也屠了好几天，杀了太多的人。后来清王朝稳定了大局，发现长江南岸土地肥沃，青壮年劳力却几乎都死于战争，没人耕作，于是朝廷便组织了大规模的由湖北、江北往安庆、宣城一带的移民。我们那儿至今有一些“湖北村”，村民们说的还是地道的湖北乡音，做的是地道的湖北土菜；还有“江北村”，口音跟巢湖北边一直到江苏北边的很接近，便是这么来的。这些被清朝廷组织起来离乡背土的移民，绝大多数是无田产、缺教育、乏文化的最底层贫苦农民，还包括部分的流民和被判刑的犯人。我们家乡的土话里面，至今保留着历代朝廷强迫社会底层民众移民填补战乱荒芜地区的特有鲜活表达：被粗绳一连串绑缚双手的移民，路途中要拉屎撒尿，央求押送他们的兵卒暂时解开绳子。兵卒问：是拉屎还是撒尿？若是移民回答“撒尿”，就松开一只手。若是回答“拉屎”，就松开两只手。所以我们家乡话直到今天还在使用“解大手”

和“解小手”的说法。

宣城的第一次战乱远远比不上后两次。第二次大灾难是太平天国引发的战乱，可谓是对安庆、宣城一带人命及文化毁坏最严重的一次长期内战。当年除了天王洪秀全本人外，他手下的几个封王都曾经镇守过宣城，因为宣城如果被清兵打下来了，那么太平天国的首都天京（南京）城势必保不住了。后来我特地查证过，人称“曾剃头”的清朝悍将曾国荃（曾国藩的弟弟）的湘军部队和太平天国部队，在宣城一带包括广德和郎溪两个附属县域反反复复进行拉锯战。你杀过来我杀过去，你狠我比你更狠，基本上能走路的壮男都在战乱中死去，流经这里的河水泡着尸体不能喝。人死导致文化的毁灭，战乱中，房屋城墙等物质文明自然也受到巨大损坏。这段残酷的战乱发生在1856—1864年间，延续的时间远远长于清兵南下的那一次。而后，在这片被双方军队反复碾过的一毛不留的土地上，文化艺术基因都随着创造承载它们的人们的灭亡而消逝了。再往后又是从别处把最贫困的缺田少地的农民和囚犯迁徙到此，他们饭都吃不饱，哪有什么精致文化的再生产再繁荣！孔老夫子《论语·子路》里反复强调“先富后教”，这条哲理被后代学者认定为孔子政治思想的核心，并且经由孟子、荀子承继发挥。孟子在《滕文公》上篇里重墨写道："五谷熟而民人育。"荀子在《礼论》里说："争则乱，乱则穷"。如果你把这里的"争"换成"战争"，把这里的"穷"连接上"文盲"，那就将战乱导致文明普遍衰竭的道理摆明了[①]。华夏文明的先圣孔、孟、荀诸子讲的这个朴实的道理，放之四海而皆准。伏尔泰所说，"自罗马帝国瓦解以来使整个欧洲蒙上一层铁锈的那种粗鄙习尚"和"经历过几次大屠杀的巴黎市民以粗野的人民所惯有的……这个都城的居民当时是既贫穷又土气"[②]，根子就在于中世纪的连绵战乱把欧洲文明的中心地带推回到野蛮状态。

幸而由宣城临近长江支流水路及平坦地区往交通最不顺畅的大山区里面走，还保留了前几代留下来的中原精致文明的许多成果，也就是徽州文化。往金宝圩那一片半封闭的水乡走——直到我小的时候，从金宝圩到宣城城关镇，也只能靠两条通道。旺水季节坐小船溯流而上，旱季

① 读者可参阅本书自序里引证的《九州学刊》的那篇大作，第9—24页，对"先富后教"哲理阐释得近乎完满。

② 读者可参阅本书自序里引证的伏尔泰《风俗论》中译本中册第80—81章。

陆路步行，都得花费十几个小时——也还能够寻得些许宋明时代传下来的民风民俗。全亏了那几块土地位置太过于偏僻，大部队征战很难过去，而交通便利的长江南岸，曾经的辉煌文化几近灰飞烟灭。

第三次战乱是在1937年，日本军队用当时最先进的轰炸机四次轰炸宣城，把早年谢朓和李白诗中提到过的最著名的那些名胜古迹，像是敬亭山上面的庙宇和明代始建的太白道观、谢朓楼、鳌峰、小赤壁，等等，差不多全炸完了。敬亭山是中国军队守卫的最后一道防线，再失守的话日本军队就很容易穿插进入赣湘交界地段，打进湖南和贵州去。所以敬亭山山顶被轰炸得削去了几层土石。这一次打仗死的人虽然没有前两次清兵南下和太平天国内战那么多，但物质文明遗产却遭到大范围的毁坏。我们读小学和初中的年代，每年春季有一个游春活动，名为“三月三，游敬亭山”。说实在的，我们小孩子根本不觉得这历史名山上面有什么稀罕的东西。唯一有点名堂的，是早已被毁的太白道观旁边的一口古井，井的狭窄内壁是砖头砌的。由于几百年里道士借此练功，手提水桶，脚踏内壁，两侧下到井底装满水，再手提水桶，两脚踏着井内壁上来；久而久之，井的内壁留下了深深的两排脚踏凹坑。“文化大革命”初期这口井因为它的“迷信、四旧”来历被填起来了。

由此我才慢慢明白，为什么家乡（这里专指宣城城关镇及周边近百里的平原丘陵地带）一切美好精致高雅的东西，都只是在古代的诗歌里，现实中已经找不见了。李白诗中提到过的老春酒等，如今想恢复都恢复不起来，基因都没了，精华已去，渣滓残存，这对我而言，是极端伤感的事。因为这三讲讲到了这些故事，我又把许多与宣城有关的古典诗歌拿出来念，边念还边想，当年桓彝、范晔、李白、韩愈、白居易、杜牧、文天祥他们咏诵过的那些无尽的美景美酒，我们是一点福分都没得享受了。

家乡的不伦不类酒

我幼少的时代，应该是1950年之后中国经济最拮据的时期。那时候没有市场经济，买什么都要凭票证，就连家乡的小酒厂在对土产酒的分配上都非常僵硬，要跟着行政级别走。当时最好的土产酒就是以高粱和少量麦子为原料酿成的纯粮食酒，装瓶再贴个商标，一斤酒要卖一块二毛钱人民币，度数和很多白酒差不多，六十度上下。但是这个酒吧，我们这些穷困家庭是喝不起的，那年头小城镇里普通人家每月工资才三四十元，要养活好几张嘴巴。而且从级别上说也轮不到我们普通人家喝。

比纯粮食酒次一级的，叫作稗子酒。何为稗子？就是水稻田里的野生稻，靠人工从稻田中摘出来，然后交到县里酒厂酿成酒。因为这种野米并不属于计划经济中的粮食，不用凭粮票供应，有些普通老百姓家都能偶尔喝到稗子酒。但是买到它经常要靠走后门，没有后门可走的，就拿其他的配给票交换，比如拿肥皂票、红糖票、豆制品票、绿豆粉丝票、火柴票，等等；对于酒瘾特别强的人，甚至会咬牙拿香烟票来交换——香烟也是极稀缺的紧俏商品。后来，家乡会喝酒的长辈跟我们说，其实这种稗子酒特别香醇地道，颜色略带稀微的淡黄，一点也不比正宗粮食酒差，价格便宜一毛二分钱，一斤一元零八分钱。这种酒我小时候也喝过几次，由于稗子产量极低，加上自己家里经济条件也不允许，每年也就是过春节过大节日才能喝上一小盏两小杯。每次一喝上这酒，老年人便都眉开眼笑的，有时口水都快活得直淌而下。

第三档酒的原料是山芋干子。山芋干子酒八毛钱一斤，一般都是家里来了客人才舍得拿出来，大部分人家每年能喝上五六次，也是凭票供应，因为地瓜干算是杂粮，属计划经济管辖。比它更低一档的是什么酒呢？外号“昏头大曲”。这“昏头大曲”的原料是一种叫“葛根”的野生植物的地下部分，葛根可做成中药，土名“金刚刺”，外面长很硬的尖刺，里面含有淀粉。农民在山上挖葛根，背下山把好的部分卖给中药材商店，次等的卖给酒厂造酒。葛根酿出来的酒呈淡红色，气味跟煤油差不多。由于其中含有的一些化学成分在小酒厂的酿造过程中去不掉，一口喝下去人马上就头昏脑涨，所以才叫“昏头大曲”。如果不是酒量特别大的人根本顶不住它，我们小时候一闻到它的气味都头昏眼流泪！有些人喝的酒次数多了，会酒精中毒，乱说胡来，被视为精神病人。

以上都是由专门的国营烟酒商店经营销售的。在它们之外，那就是农民自己酿的大米低度酒，十几度，多为过农历年或婚嫁仪式时家里偷偷摸摸酿的私酒。其实，这类米酒就是我们华夏区域最古老、最传统的米酒系列的劣质后裔。我们后面还会讲到华夏米酒系列的进化。如今老讲这个名牌酒是“国酒”，那个名牌酒是“国酒”，茅台酒厂和汾酒厂前几年为此还打过好几次口水战。其实米酒才是中国的国酒，这么界定在历史上是可以查证的，已经有四五千年的历史了。我们前面提到过的酒里面，有很多酒都是由此演变而来的，像是现在喝的醪糟（我们老家称为酒酿子）就属于米酒系列。醪糟这玩意，需要过滤，度数不高，喝了以后很暖和，味道甜甜的，工艺也很简单，我在澳大利亚首都和美国波士顿还都自己酿制过，在洋人的国度里过一把“国酒瘾”。当然了，澳大利亚首都的气候和水更适合酿这种甜米酒，在那儿我曾经亲手酿出过堪称优质的“国酒”，招待洋人酒友们。有位大鼻子酒友建议我去注册专利，说这么特别的纯酿一定会有市场，尤其是在女士群里。我哪敢去随便注册专利？那是咱们老祖宗的老祖宗的老祖宗琢磨几千年弄出来的，我们得给他们历代老祖宗交纳专利费才合情合理。

这些就是我们小时候在家乡能够听到的、见到的、喝到的所有本地土产酒，我一直想要把这些酒同华夏古典诗歌中伟大的酒传统联系起来，但是基本上串不起来。稍微能连起来的，就是最后说到的那种私酿酒。但是私酒自然是不能出去卖的，又因为受粮食收成的影响，私酒的酿造量具有偶然性，品质也不好控制：今年这家酿得好了，亲友们就都去他家喝两杯；酿得不好，可能就一股馊水味，加点重口味调料作厨酒，最差的只能倒进猪食缸里。所以我想，纪叟当年造的老春酒，一定是造了许多年，品质已经可以控制了，否则也不会给李白留下那么深刻的印象。而且李白之后，像韩愈、白居易、杜牧、文天祥，他们都去找老春酒喝，这些可都是华夏文学史上了不起的酒智双全人物，你休想蒙他们！

跟老春酒能够攀上“直系亲属”关系的美酒，我记忆中在我们家乡只发现过一回，而且差一点造成了严重的破坏历史文物罪，牵连到好多人，那个故事可神了！咱们下一回讲，我得要去喝一杯了，今天事情太多，挺不住了。国立澳大利亚大学每天下午三四点钟的时候大家都走到外面去喝一杯，提提神，有的喝咖啡，有的喝啤酒，有的喝葡萄酒。我到现在都还保留着这个优良传统，走遍天下坚持不改。[vii]

第十四讲
没机会参与“破坏”物质文化遗产

中国数不清的大地方小城镇，这些年来，包括制酒业、餐饮业、观光业在内的商业机构，都喜欢宣扬本地的粮食白酒早在春秋战国秦汉隋唐朝代就有史书记载了，因此你买他们的酒，买的是有两千多年到三千来年传统的美酒。其实这些广告百分之九十九都是不尊重基本科学事实的低级忽悠，当不得真。几十年来的考古学发现及一些其他资讯证实，中原地区的粮食白酒也就是蒸馏——俗称“烧”——出来的烈性酒，最早的造酒器具实物还没有超过宋金元三朝交接时期的[①]，时间跨度在八百多年到一千年多

① 大众知识读物中比较靠谱的，请参阅本书自序里引证的《简明中国烹饪辞典》“酒类一般”的简要介绍。

一点。在此之前中文史书上记载的酒，都不是这类烈性酒，而是低度原发酵酒。中国境内过去半个世纪出土文物存储有酒实体的，寥寥无几，我后面会细细道来。

沉船老坛里到底装着什么？

说到家乡古代最有名的老春酒，我至今都没有见到跟它相关的实物。本来是有一次机会的，很可能亲眼看见老春酒的“直系子孙”，但还是失之交臂。这事一想起来，我就心痛得不得了！

这次稀有事件应该是发生在1973年年底或是1974年年初的寒冬腊月，过农历年之前。其时正是“文化大革命”的尾期，全国“农业学大寨”的高潮中。在我们那儿，农业学大寨运动中间很重要的一项，就是所有庄稼都收割完以后，隆冬腊月农民们不许按传统待在家里度农闲，而是要组织出去大修水利。基本上是依照人民公社生产大队和民兵组织的架构，把所有青壮年男农民劳工按民兵班排连营的体制集合，到主要的河流沿岸去修堤坝建水库。

事件的发生地点是我们那儿的东门大河，这条河在历史上顶有名，不过由于当地的文化严重衰败退化，很多有历史意义的东西，后来当地人都不晓得了。这条东门大河，原称“宛溪”，在汉武帝元封二年（前109）宣城建郡之前，宣城名为“宛陵”，其中的“宛”字，指的就是宛溪。过去说宣城地势“一溪一山”，说的就是宛溪和敬亭山。李白对这宛溪也是爱得不得了，曾在宛溪上的“宛溪馆”作诗《题宛溪馆》，诗中有云“吾怜宛溪好，百尺照心明”。这条河后来也叫“宛水”，就是文天祥当宣城太守时最流连忘返的“沧沧宛水阳，郁郁都官坟”。

每年冬天趁着河流水枯，大修水利的农民都要把河床上的淤泥挖出来，一方面防止第二年春天发大水漫淹过堤坝，一方面挖出来的淤泥还可以用来肥田，效果比化肥好上百倍——这就是华夏文明区域几千年来长江中下游最重要的一种生态农业。那一年的东门大河大概是特别地枯水，农民们挖淤泥挖得特别深，居然挖出了一艘沉船，位置还是在宛溪旁边原先的“谢朓楼”下边，这个谢朓楼也是李白曾经题过诗的地方，那诗便是顶有名的《宣州谢朓楼饯别校书叔云》。

沉船自身的木板自然是朽烂得不可收拾了，但是这个船舱里面有东西，都是一些坛坛罐罐，被淤泥封埋着，大部分都已经破碎了。早年我们家乡民间木船上最珍贵的位置是船的最后面、摇舵的舵工仓下面。舵工一天到晚都会在那儿看守着，船上的人通常会把粮食和稍微值钱一点的物品放在那里面，船靠岸的时候不容易被路过的人顺手牵羊偷走。而在这艘沉船的这个位置，放着一只比较大的坛子，保存得挺不错，没破碎，还挺沉的。挖出沉船的民兵班成员搬出坛子，清掉表面的淤泥，发现坛口还被封着，严严实实的。

修水利的民兵大队长向上面带队的公社干部报告，公社向县里报告，县里向省里报告，说是挖出来四五百年前的沉船，赶快派考古专家来！那边一级一级往上报告，这边挖淤泥的农民就围着那口坛子动脑筋："那里面会是什么呢？"根据他们自己的生活经验，那里面肯定是液体——拿起来一摇晃还听到些微的声音嘛！到底是什么液体呢，估计是这四样中的一样：可能是食用油，船上人做饭炒菜用的；也可能是桐油，因为木船，尤其是用来远程运输的木船，每年都要刷好几次桐油来防止渗水；还有人猜是浸泡的中草药；最后，农民们猜想，也许里面是酒！

一想到有可能是酒，他们眼睛就都放光了：明朝开国皇帝朱元璋是安徽人，他老家离这里不远，而且当年这一带的主要货运都得走东门大河去长江以北，李白从桃花潭回宣城时也是走的这条溪水。再加上沉船中的坛坛罐罐上，有的还能看见印着明朝万历年间的纹印字样，难道这酒是当年进贡给永乐大帝朱棣的？

大半碗酒下肚，这辈子都值了！

寒冬季节离乡背井一个月上下、吃苦挨冻的农民满怀希望小心翼翼地打开了坛子，一看，果然不错，是稠稠的液体；再一闻，好像是酒，又好像是药。当时这里面的酒精度肯定不高了，毕竟已经放了几百年了嘛，而且那时候的酒跟现在的酒是不一样的，那时候的酒里通常混合有草本或木本植物的果实。我考证过，老春酒里也含有此类物质，凡是酒名中带个“春”字的，绝大多数都含有草本或木本植物的果实，只是种类不一，有的是花椒，有的是山楂，有的是梅子，有的是杏子，有的是桑葚，有的是香草，有的是野葡萄，还有的是几样配搭。要知道，“神农尝百草”是我们这个农耕民族饮食传统源头的最生动表征，你只要把这神话里的“神农”从单数改成复数，就跟历史事实生活状态差不离了。插一句，甚至到了十四世纪，在西方相对贫困的英格兰岛上，葡萄酒也只是在药铺里作为活血药出售的。

初步证实了坛子里是酒液还带有“药”（其实就是草本或木本植物的果实），挖出沉船的民兵班里总共十几个农民就开始犯嘀咕，这东西能喝吗？在烂泥土里埋了几百年，弄不好有毒啊。要知道，这些农民可都是家里的青壮劳力，要是喝伤喝死了就没人养家了。于是十几个人就开始商量，决定抓阄，谁抓到了“1”，谁就先喝一口。如果先喝的人没事，大家就把这坛酒给分了。你想想，能喝到万历皇帝朝代的酒，这辈子值了！这帮农民挺公正公平，一致决定那个最冒生命危险、第一个喝一口的人如果没事，可以比其他人多喝两倍的酒。然后这十几个人就把那个坛子围起来，每个人都在心中默默祷告。那地方农村里的人，有信王母娘娘的，有信玉皇大帝的，有信观世音菩萨的，有信奉天教主的，还有好多奇奇怪怪的地方信仰。虽然是在“文化大革命”期间平时不能搞迷信活动，但到了这个关键时刻，每个人心中都在祷告，希望各路神仙都来保佑自己，千万别喝出事情来。

抓阄抓到“1”的那个农民拿着平时吃饭用的搪瓷碗，舀了大半碗酒喝下去，喝了以后，其他人都围坐在他身边。有人抽水烟袋，说是抽三杆水烟袋差不多要一个钟头，如果抽完了，喝酒的那人还没倒下去，就说明没大事。如果有毒，一个钟头之内差不多也能看出来了，像是嘴唇发乌，严重的可能会七窍冒血。喝了酒的那人此时就坐着，其他人都叫他打坐，把气定住，减慢血液循环，万一有点不对劲，还可以马上急送去附近的卫生站，可能还能抢救回来一条小命。旁边的人三杆水烟袋抽完了，嘿，这家伙还没倒下去！摸摸他额头，热热的，问他感觉怎么样。这哥儿说："我这辈子值了，这大半碗酒喝下去啊，全身所有的关节穴道都开通了，大冬天人在室外全身却在跑热气，通体舒畅，而且脑子里还特清明爽朗。"边上的兄弟们一听，哇，毕竟是万历年间家乡人进贡给永乐大帝的酒，十几个人赶紧把这酒给分了，让第一个人多喝了两碗，最后把这坛酒喝得精精光光。然后还把热开水灌进坛子里，晃了几晃倒出来，喝掉，点滴不浪费。

这帮农民喝了就喝了，不吹牛也罢，一吹牛，坏了！像挖出沉船里面有东西这样的事，按规定是要上报的，那可是出土文物啊！这事传到县里，第二天县里派人来一看，坛子被打开了，问里面的东西呢，农民说喝了。县里就给地区上报，地区又上报到省里文物部门。省里说，这还了得，这是破坏历史文物现行罪，连人证物证统统押送到省里来！

农民们还是很有谋略的，知道罪不罚众，就说酒是十几个人一起喝的。上面说，那就把民兵班班长跟坛子一起押送来。班长又说，他是有责任，但他喝得不是最多，喝得最多的是另一个人（指第一个喝酒的人），要坐班房（坐大牢）不能他一个人坐，得两个人一起坐。最后没办法，县里只能连坛子跟班长和第一个喝酒的人捆在一起，用大牛车拖到县里，县里又用长途货车把人送到省里。后来由于找不到什么理由严惩肇事者，两个农民被训斥了一顿，总算是没被判刑。

我不久后听到这件事，心里也不是个滋味。一直想，这个明朝万历年间的酒到底是什么酒，可是事发的时候我还年少，也轮不上我去调查研究，往后也没办法再找到那些农民了。听别人说，那种古酒里含有很多种中药。我想，那坛酒应该就是老春酒的嫡系后裔了。要是那坛子酒给保留下来，考古价值会是很高的。可是竟让我们家乡的农民给喝得坛底朝天，唉！

在东门大河挖出那只沉船以后，我们家乡再也没有出土过那个朝代的酒了。但就在2014年春节以前，有人说在水阳江底挖到金子银子了，结果大冬天的，好多农民光着膀子就下水挖淤泥，几百人连成一片，颇为壮观，网上还能看到照片。这水阳江，其实就是东门大河注入长江的河流，在当年挖出那一坛子宝贝酒的河床几十里近旁。[viii]

第十五讲
皖地美酒寥寥可数

虽然我们中篇的标题称为“小小寰球，有几处美酒可觅？”但实事求是地讲，在改革开放以前的新中国，真是难有几处美酒可觅。我下面讲的故事对深圳市居民来说，可能会特别亲切，因为常住人口超千万的深圳汇聚了来自全国各地的民众。在每个人的家乡，或许都有一些类似的酒故事，酸甜苦辣杂陈。尽管在皖南家乡的时候，我就很有意识地去寻找美酒，可能找到的还是太少。回想许久，除了此前说到的那些本地的土产酒，我们小时候在安徽省内能看到有注册商标的酒寥寥无几——这酒自然是够上了相当的档次才能有注册商标，得经过行政管理部门好多层次审批才能拿到的。改革开放以前我们在安徽能够找到的有注册商标的瓶装好酒，就那么几种（我对这些酒的记忆不会有偏差，实在是太深刻了）。

其中流传最广的是淮北产的“濉溪大曲”。濉溪以前叫作濉溪县，淮北市的一个区，旧时则为濉溪镇（有好酒的地方地名多带有三点水“氵”，没好水可酿不出好酒）。这酒是当时安徽省内县一级干部过重要节日时能够配给到的上等酒。我到现在都还记得，当时的濉溪大曲商标是天蓝色背景，非常典雅；我还记得这酒的价钱：到了我们外地县城，是一块二角八分钱一瓶。即便是县里的干部，也只有在重要节日才能喝到濉溪大曲。这酒一开盖，满屋飘香，当然，像我们这样的家庭是喝不上的，只能看着人家喝。偶尔能捡到一个空酒瓶，放在家里看看过把瘾。

比濉溪大曲差一点也有注册商标的，是滁县产的“明光大曲”，在我们县城里的售价大概是一块二角二分到一块二角四分钱一瓶。虽然只比濉溪大曲便宜几分钱，但酒的品质可比濉溪大曲明显差一截：味道特别冲，不像濉溪大曲一开盖就是一股醇厚的幽香。我们县里那些级别不够高配给不上濉溪大曲的干部，过年过节喝的就是明光大曲。我现在还保存有一只号称“鉴赏级老明光”空瓶子，是老家的一位文化产业家送我品尝后保留着的。他筹划开设一间中国地方名酒博物馆，收罗各地名气不是很大、但有些历史来头的手工酿制酒产品，在靠近香港的地点，向海内外潜在的华夏酒爱好群体做文化及工艺方面的启蒙开导。那瓶被他当作半个宝贝的“鉴赏级老明光”，自称是延续着“南宋建炎二年即公元1128年开创，经过元、明、清三代发展（的底气），成为八百里长淮的杯中宠物”，我一时舍不得喝。说句老实话，直到2019年2月初春节期间整理本书时才试饮了两盅，四十三度，口味平淡无奇，香味似有似无，连当年的劳动群众档次的明光大曲都比不上，更低于明光特曲。我留下那个空瓶子，预备作插花用。

这些年来中国南北各地的白酒，大部分产品瓶子里面的内容做得不怎么样，瓶子做得倒挺别致。我问了好些安徽人，现在濉溪大曲是找不到了，那个老牌子似乎完全消失了。我常常想起它，那时的濉溪大曲比现在市场上八九百块钱一瓶包装亮丽的名牌酒真好过几个数量级。

安徽省产的比濉溪大曲更高一档的有注册商标的酒，非常稀有，叫作“口子酒”，也是淮北地区酿造的。“口子窖”这名字则是后来的事了，我出国前没见过这个牌子。我查过资料问过老辈人，安徽历史上延续时间最长的地方名酒，可能就是这个口子酒了。我们那里有句话叫“口子开坛十里香”——这可一点也不吹牛，我曾经得到过一瓶难得的口子酒，时间大概是2004年前后。当时，北大毕业的一个文学博士想去美国学术交流一学年，他单位的领导认识我，想请我给他写封推荐信。原先文学博士大概是准备了什么珍贵的礼物，结果他的领导——这位领导是哲学博士，认识我更早些更了解一些——说:“你请丁教授给你写推荐信，恐怕这些礼物他都不在乎，不会要的。他爱酒，你能不能找瓶酒给他？”文学博士听了这话，列数了几个他家乡有名的酒，领导又说，“这些酒外面都能买到，丁教授估计都看不上眼，他喜欢的是外面买不到的好酒，不在乎牌子和价钱。”

说来也巧，文学博士家有位长辈是口子酒厂的老职工，在酒厂干了一辈子，退休时厂方允许老员工在酒窖里装几斤陈年酒带走作为纪念。酒窖里的这些酒都是非卖品，是厂里最看重的。文学博士的长辈退休时装了五斤酒回来，博士便送了一瓶一斤装的给我，直到现在这瓶酒还在我家，还剩下三分之一，那是二十世纪七十年代的老酒原浆，至少有六十度，虽然瓶身没有商标，可一开盖我就知道那是顶级口子酒，飘香十里，真不舍得喝光！延续了好几百年的老牌子酒，难得。后来市场上到处能买到的“口子窖”，跟我的那瓶根本不是一回事。

但我出国之前，安徽省最有名的、有注册商标的白酒并不是口子酒，而是“古井贡”，产自安徽亳州（旧为亳县，美酒和美诗词推崇者曹操的故乡），也属淮北地区。我们小时候都听过古井贡的名字，但别说喝，根本是连看都看不到这种酒的。作为当时安徽省内最有名的酒，自然有很多传说，虽然无法验证，但在老一辈人的口中，可都是活灵活现的。古井贡为什么稀有呢？是因为造这种酒的水源出自那口古井。这口井“古”到什么地步？话说当年孔夫子游说陈蔡（春秋战国时期的陈国与蔡国交界，如今河北、山东、江苏北边的交界）很不受欢迎，被人围攻，指责声讨，几近落难。时值盛夏，孔夫子又饿又热又渴，“惶惶然如丧家之犬”。当地人看他是位教书先生，就告诉他往南一直走，华盖大树下面有口井，井水甘甜。孔夫子于是叫赶牛车的人将车朝南行，找到那华盖大树，在树下躲避烈日，取井水解渴，果然是异乎寻常的甘甜清凉。

“孔子围于陈蔡”的故事在史书上是有记载的，不是神

香港科技大学创始人孔宪铎博士，山东临沂人，孔子第 72 代后裔。

话。自从孔圣人在落难之际喝过这口井的水以后（甚至可以说这井水救了孔圣人），很多年后这口井自然就成了受官府保护的历史胜迹，古井被围起来，一般人哪怕碰一下都不行。再后来，造地方名酒的水就从这口井里抽取，而且这口井无论旱涝冬夏，水就那么一点点，永远不干枯也从不溢出。有多少水就能酿多少酒，因而古井贡的产量永远也提升不起来，就愈显珍贵了。所以古井贡那么出名，就是因为酿酒用的是这口古井里出的水。

后来我在很多场合跟老一辈懂酒的或造酒的人验证过，以前酿造烈性白酒，原料主要是粮食和水，不能加进乱七八糟的化学香剂味剂，也不能混进食用化学工业程序弄出的酒精。用的粮食不管是高粱、麦子或是三种五种粮食混合，等等，都有个讲究，叫作“三分粮食七分水”。就是说，酒的品质三分是靠粮食来保障的，其余七分则是靠水。没有最好的水，酒绝对不可能造好。古井贡之所以跟别的酒不一样，就是因为用的是孔夫子喝过的那口古井里的“圣水”酿造的。

我们小时候在皖南县城里，根本没有够上级别平时能拿到古井贡的干部。记忆中在我出国之前“唯二”次见到古井贡的，都是在非常特殊的场合——如果我不细说，你们肯定想象不出那有多特殊。

未饮其酒，只闻其香

我第一次见到古井贡酒，并没有喝到里面的液体，只是见到了酒瓶子。那是在1969年冬天，我们县里来了个省里派来的干部，叫管华，是个资格很老的老“八路”。“文化大革命”时期我们那里闹事闹得太厉害了，县里原来的干部镇不住局面，省里才把管华从淮北派到我们那儿。管华的级别比较高，像我们当时县里面过农历年能配给得上古井贡的领导干部，行政级别基本都是十六级左右（最低的科局长级是十九级，可以配给上濉溪大曲。后来阶梯又向下延伸了两级，县里的正式编制干部最低是二十一级）。那管华是多少级呢？十五级。所以他是能配给上古井贡的，但是也只有过春节和国庆节的时候各配一瓶，并不是经常能配给上。

管华在县革命委员会里是第一副主任，相当于当今的县委第一副书记兼县长，大家都叫他“管大书记”“管大主任”，因为他管着一大摊事，尤其是管工业、农业、交通、财政系统，生产生活中最关键的十几个部门。那次我是怎么见到古井贡酒瓶的呢，是因为红卫兵头头要找管华批“条子”（要得到搞革命运动的物资或现金必须要拿到批过的字条，这在经济史上叫作“条子经济体制”），在他平时的办公室里找不到他。“文化大革命”次乱的那个时期——次乱是指1969年年中大规模武斗消减以后，大乱是指武斗高峰阶段——干部遇到大麻烦时总归要找个地方躲一躲藏一藏，不然连觉都没法睡，整天连夜都有人找他有事，最糟糕的时候还会被拉出去批斗站街。

那天红卫兵头头找管华找了好久都没能找到，最后县革委会里有内线透露，管华躲在县机要办公室里，在睡大觉呢。这个机要办公室是用来存放党政机要文件的，门口由解放军战士把守，一般人不能进。红卫兵头头找到机要办公室，门一推开，果然不错，管大主任正躺在床上，累得不行了——当时临近过年，事儿特别多，他也没法回北方的老家，只能在这儿躲着休息。红卫兵头头把管华从床上拉起来，管书记又高又瘦又黑，满脸疲惫，红卫兵头头也不管，就让他批这个条子批那个条子。管华能批的立马就批，不能批的就说要再研究研究，这不是他一个人能决定的…… 两边争来争去，面红耳赤，吐沫飞扬。

在那帮冲进机要办公室的红卫兵里，我年纪最小个头也最小，属于跟在后面半看热闹半捞旧书的小喽啰。因为旧的县委办公室里有“文化大革命”以前出的内部书，俗称灰皮书、白皮书、黄皮书之类，比如像《戴高乐回忆录》《新阶级》《南斯拉夫修正主义》《第三帝国的兴亡》，等等；我在这之前已经捞到过几本，看上了瘾。我很好奇地东看看西看看，没看到有旧书，却看见管华的行军床下面有个形状奇怪的瓶子。趁他们在争论批条子事情的时候，我就走过去把这个瓶子拿来看了一下，一看商标，“古井贡”！我从小就对酒有兴趣，头一次看到古井贡酒瓶，不失时机地马上把酒瓶盖子打开，一闻：哎哟，那个酒香，简直令你要腾飞起来，从来都没遇到过那么好闻的醇香！其实，那瓶酒不知道什么时候就被他喝完了，但那个酒香依然甘洌非常。本来红卫兵跟管书记正吵得天翻地覆，这个酒瓶子一打开香味一散发，所有人都不吵了，被镇住了，所有人都没闻过那么好的酒香，除了管大书记、管大主任本人以外。

“文化大革命”时期，干部生活特殊化是修正主义分子、“走资派”最大的罪过之一。我们那个穷县城的普通老百姓哪见过这么高档的酒啊，要是把管华拉出去批斗的话，这个酒瓶就是他的罪证，生活腐化、脱离群众、官老爷、搞特权、修正主义、走资本主义……所有罪名都可以跟这个酒瓶子挂起来。所以管华当时看到这个酒瓶子在我手里，脸都白了，不断地跟所有人解释：这是组织上分配的，不是开后门搞来的，也就过年的时候才配给一瓶，因为他都是抗战时期参加革命的老干部啦。然后他就开始批判自己：“这个古井贡虽然是组织上分配的，我也不应该接受，更不该喝掉！喝掉了就说明我思想觉悟低，脱离群众高高在上，我当官做老爷，就是修正主义，就是腐朽。我要灵魂深处闹革命，从此以后向你们保证，如果上面再分配这种酒，我马上交出去，碰都不碰！”

他这么拼命批判自己，而当时屋里的二十来个人闻了这酒香后都快“晕”过去了。当时这种酒是绝对不可能造假的，一定是在窖子里藏了好几年才能装瓶的，也一定是用最最传统的方法酿造的，也一定是用那口古井里的水酿造的。这是我第一次见到古井贡的瓶子，虽然里面没酒了，余香还是摄人灵魂！那是1969年的冬天，这个时刻是我一辈子都不会记错的，因为两个月后漫天大雪，我就下乡去金宝圩，离开县城了。整整十年以后，我才有缘分第二次见到古井贡，而且亲自喝进了肚子，那瓶酒比管大主任喝的还稀有珍贵一些。[ix]

第十六讲
“昏头大曲”宴会

我真正地不但看到了古井贡酒瓶，而且喝到了瓶中的古井贡原汁，也是个富有戏剧性的事。1969 年冬天，踏着厚厚的积雪我回到故乡金宝圩。当时插队金宝圩的那些外地知识青年来自很多地方，最多的是来自长江沿岸的几个“大码头”（金宝圩农民对大中型城市的统称，因为他们以为全中国所有的大中型城市都是沿河靠江、有船运码头的，金宝圩几百年来通外界主要靠的就是水阳镇的小码头），芜湖、马鞍山、上海，也有少部分来自南京。跟我友情最深的外地知青来自两个小帮派，一个是芜湖名校“一中”（第一中学）下放的，一个是马鞍山重点中学下放的。因为他们和我一样，都爱读书，也都爱喝酒。

小道消息暗示的特大喜讯

我们那时每人每月生活费八块钱，这点钱至多能把口粮买回来，要想喝酒，就得想其他办法了。于是有人就偷农民家的鸡蛋、鸭蛋去卖了买酒，也有人私自酿甜米酒，还有人跑到附近的城镇去讨酒喝。能弄到的最好的酒，超不过“昏头大曲”的档次。我们知青岁月里喝过的最痛快的一次大宴会，是在1971年春末，四五月份。“大码头”来的知识青年回家过年，听到了一些上层政治风向的小道消息，都是跟“林副统帅”和他的“四大金刚”有关的。1970年夏天庐山会议上林彪周围的几个大红人挨批做检讨这类小道消息，当时都是最最敏感的政治动向，不是最铁的哥们之间，也不敢互通情报。我、本村的小王（我宣城中学的高年级校友）和芜湖一中下放的三个哥们，够得上这档关系了。他们把各处收集的小道消息一拼凑，大体上理出一个粗眉目：林彪和“四大金刚”那一伙帮派可能要倒台了！这个迹象对我们知识青年可不是一般的好消息，那是特大喜讯——假如被证实是可靠的话。我们都把自己的下放归罪于“文化大革命”极左派，而林彪一伙恰恰是最突出的“文化大革命”推动帮、护驾帮和得益者。他们要是快倒霉了，那就预示着最上层要抛弃“文化大革命”政策了（可见我们那时多么简单多么幼稚），像我们这些“文化大革命”下放政策的受害者，就有希望回城了！我们这些十几岁的小青年，哪个不想回城，哪个不想再有上学的机会？

于是我们这帮小家伙决定要大肆庆贺一下！五个人每人贡献一块五毛钱，三斤昏头大曲用掉差不多两块钱，剩下来的买了海带、皮蛋、咸带鱼、董糖（也就是杂粮酥糖）、大铁桥牌香烟（最差的纸卷烟，九分钱一包）、米醋、粉丝——这些统统都是凭票供应的，耗去了我们所有的积蓄。虽然心痛，也觉得值了。那一天阴雨寒风连绵不绝，我们在芜湖一中下放的三个哥们的潮湿寒冷的茅屋里忙了几个钟头，才把盛宴整治完毕，将长条竹床当餐桌，摆了一大半的面积。两杯昏头大曲下肚，胆子就壮了起来，渐渐地也不用隐语称呼了，比如“灯泡”暗指林彪，他脑袋上没几根毛毛；“胖猪”指吴法宪；“黑眼”指李作鹏；“马脸”指黄永胜；“姑奶奶”指叶群，她发起飙来就这么自称；“二太子”指林立果。

昏头大曲来势汹涌，而这场盛宴的菜肴也实在太寒酸，除了皮蛋和董糖还凑合，其他的东西都不是下酒菜，而且量也不足。我们那时都自称“海军大尉”，意思是胃口特大，像海一样深不可测。三斤昏头大曲把我们五个人全放倒，他们主人方只有三张小木板床，我和小王必须返回自己插队落户的村子，离这儿还有三四里地。金宝圩河沟纵横交错像棋盘，当地农民都是以船代步，我们知识青年平时出门搭乘的是他们的便船。可这天已经临近傍晚，搭不上便船了，只能绕弯路走回村子。他们茅屋的后面紧挨着一条宽广河沟，没有小桥连接两岸，我俩只能顺着河沟上面的粗水泥管道爬过去。我历来手脚笨拙，在半斤多昏头大曲的帮助下，手脚更是拒绝协调一致。小王已经爬过去了，我还在离对岸三分之一的地方抖抖索索。他等得不耐烦了，连声催促，我紧张之下一个冬瓜翻身，掉落河沟。

小王像杀猪般嚎叫起来——河水又深又冰，具有剥夺我一条小命的潜力。他的尖厉嚎叫引着村里的农民跑过来了，把我从河水里捞取上岸。直到这一年的“九一三”事件之后我才悟出村里的农民跟我们讲的一个神秘道理：半年多以前的林彪还是“副统帅”，他从天上摔下来之前你就开骂，是“犯上”，你小子得为这冒犯罪付出代价。

好友为我留下“老红军级”的古井贡

来自马鞍山重点中学的那个小帮派跟来自芜湖一中的小帮派因为双方的家庭背景不一样，虽经我的热情介绍，冷淡地招呼一下，却搞不到一起来。这其中有一个来自马鞍山干部家庭的小沈，当时跟我的交情特别好，因为他特别爱读书。过了一两年，来自大中城市的出身于“红五类”的知识青年都陆陆续续回城了，我也被调到县革命委员会里做最低档的文书工作，每月工资十六块八角五分钱，这是我平生第一次领到薪金。

回到马鞍山后不久，团干部小沈就找了个女朋友，她爸是安徽省金寨县人，金寨是全中国三个出了最多红军将军的“将军县”之一；三大将军县除了金寨县，还有湖北省红安县和江西省兴国县。她爸是老红军，老爷子虽然没什么文化，行政级别不算高，但是革命老资格在计划经济年代挺管用。每年不是只配给一瓶古井贡，而是在所有重要的节日，像是元旦、春节、劳动节、建军节、国庆节，都能拿到一瓶古井贡。这可不得了，比那个管大主任可牛气多了。

老爷子每天也喝一点点酒，但是最珍贵的特供酒是不舍得喝光的，因为外面买不到嘛，是要留下来派大用场的。小沈的女朋友是老爷子的幺女儿（最小的女儿），那年头女儿出嫁得有“红色陪嫁品”，必备的红色陪嫁品是《毛泽东选集》四卷、《毛主席语录》的不同版本各一册、毛主席像章一大串。除了这些以外，老爷子还给幺女儿陪了两件很稀有的东西，一件是一柄抗战时期他缴获的、允许他保留下来的日本军刀，因为他这个小女儿是练武术的，每天要“不爱红装爱武装”一下；还有一件呢，就是一瓶二十世纪六十年代出产的古井贡。小沈大婚是1979年的事，那时我已经在复旦大学念研究生了。小沈办喜事时把家里能拿出来的好烟好酒都拿出来了，只有这瓶古井贡，他不舍得拿出来喝掉。他跟亲朋好友讲，他下放宣城金宝圩的时候最好的一个知青朋友最爱喝酒，可从来就没喝过这么好的酒，这瓶酒不能动，要等这个朋友来了才打开。

上海寻酒梦的告吹

小沈身边的伙伴们说，上海那个花花世界什么酒买不到！你还可怜这个姓丁的？其实那时的上海还真不怎么样。1979年夏天，我去上海读书，原本是抱了很大期望的，心想上海作为中国最大的商业城市，肯定能买到外地的好酒。没门，根本见不到！那个时候物资太缺乏了，哪个省舍得把自己的好酒往人家那儿运啊？上海人基本都喝黄酒。黄酒还不像白酒是瓶装的，大部分都是散装的，上海话叫"零拷"，就是自己拿个瓶子去小店里打点回来，喝完了再拿瓶子去打。那时候我在上海唯一能找到的本地产的瓶装白酒，是松江县出产的"七宝大曲"，因为松江以前有个七层宝塔。但那个酒的品质我实在不敢恭维，至多跟我们安徽的三流白酒明光大曲扯平。

我到复旦大学读研究生时，研究生制度在中国刚刚恢复。前面讲到，老家的乡亲们问我这个"硕士"是什么东西，我就大概给他们讲了一下，读硕士前通常要读四年大学。他们就排序，结论是中学学历大概相当于以前的秀才，大学学历就是举人了，那么这个"硕士"至少就得是个进士，也就是古代的候补官员了。这么一对照，不得了，他们说，你这以后是要当大官的！所以我每年回老家金宝圩的时候，就想到我的乡亲们对我抱了那么大的期待，总要带点上海的好酒给他们喝，但是很遗憾，在上海就是买不到外地的名酒。我通过跟人家以肥皂票红糖票交换酒票的办法，像宝贝一样带回去、唯一能在上海买到的七宝大曲，老家农民一喝，说还不如明光大曲和稗子酒香。

所以小沈的考虑实在是太温馨了！以前结婚仪式一般都是国庆节办，或者劳动节、青年节这类节日办。我回安徽时，已经是 1979 年的年底，准备回老家过春节的时候了，距离小沈结婚都过了好几个月了。我先从上海坐火车到南京，再从南京坐长途客车到马鞍山，和他们小两口把这瓶二十世纪六十年代的古井贡打开了。我们坐在天井里，面对雪地，就着一锅红焖香辣狗肉，真是顶级享受。

我前面说过，在市场化以前，最好的酒都是按照行政级别来分配的，所以在中国土地上寻找美酒是很困难的事情。不过，最终我还是喝到了那瓶分配给老红军、二十世纪六十年代装瓶的古井贡。我一个人差不多就喝了整瓶酒的一半，那是我从出生到那个时候喝过的最好最好的酒。从那以后，我再也没有喝到过那么好的古井贡了。

第十七讲
跨省觅酒喜获成果

我在 1984 年夏天就被派遣出国留学，开始了在神州之外小小寰球上觅酒的历程。距今年（按：指 2014 年夏季）刚刚好是 30 年——30 年应该是个特大庆，我必须向读者诸位贡献本人在国内觅酒少有的眉开眼笑的喜庆时刻。我在中国跨省找酒好多年，算起来仅仅有过两次开心的收获。我发现，那时代我所去过的国内大中城市中，除了首都北京，其余的地方也不比我们穷家乡安徽好——我们安徽佬早些年自称“第九世界”：中国是第三世界国家，安徽是第三世界国家里的第三世界省份，特别穷。我当时便得出结论，买不到非本地产的“地方名酒”和“地方优质酒”乃全国的常规，买到手则是大大的例外。

其言虽难解，其酒真好饮

不过，我们金宝圩人倒是挺走运的，因为跟相对富裕的江苏省仅隔着一条小河，河也不宽，记得我们小时候摆个渡过去，大人五分钱，小孩只要二分钱。下船以后再走个五六里路吧，就进入江苏省了。紧挨着我们的那个县叫高淳，虽说是紧挨着，但高淳方言我们是一点也听不懂的，当时不明白为什么，直到四十多年后，我遇到了中国语言音韵考古学大师丁邦新教授（又是一位与我同姓却无亲属关系的学界大人物），才从他那讨教到少许原因。我为什么称丁邦新为“中国语言音韵考古学大师”？诸位也许知道，二十世纪初的清华大学有四大国学导师：梁启超、陈寅恪、王国维、赵元任，其中排名最后也最年轻的赵先生，是现代中国语音学、音韵学的奠基人，我们使用的现代汉语中有好多东西都与他有关联。赵先生于 1921 年前往美国，在哈佛大学教中文与哲学，还曾执掌伯克利加州大学的著名教席，而在赵先生退休之后，这一著名教席则由丁邦新教授接手。在就任这个位置之前，丁邦新教授早已经做到了华人学术界文史方面的一把手 —— 位于台北市南港的“中央研究院”历史语言研究所（简称“史语所”）的所长。我们再看看曾经做过史语所所长的其他人，像是傅斯年、董作宾、李济，可都是近代中国国学几个分支的开山鼻祖，由此可见丁邦新教授在中国文史研究领域的地位。

丁邦新教授主要研究中国音韵的考古，就是从语言的声韵入手，研究文化交流变异、长程移民往来的渊源。有一次我就跟他说，讲到中国的方言，您什么都能讲出个道道来，那么我们小时候生活的地方就跟高淳县隔一条小河，却一点也听不懂他们讲话，这是为什么？他回答我道，这一点也不奇怪，直到现在为止，在我们音韵学上都很难讲清楚，高淳的方言究竟是来自哪里的。要知道，丁邦新教授做的这行学问，只要你讲几句方言，他基本上就能追溯到几百年甚至上千年以前，说清讲这种方言的群体是从哪来的、又跟哪些群体之间有交往，这可是不得了的本事。但就是有这样本事的人，也没能挖出高淳方言是怎么一回事的根源。想起我小时候高淳人在安徽省这边有个难听的外号，“高淳鬼子”，就是因为别人听不懂他们的话，不过徽州方言在丁邦新教授研究的音韵学上，是可以理出清楚来源的。

高淳好酒别无分店

话说回来，虽然语言不通，高淳县城对我们这边安徽村镇的男人却有一样极大的诱惑：酒。安徽人爱喝酒，但是好的酒，我们讲过，都要凭票供应。而对岸的高淳人则异常勤俭，既勤劳又节约。节约到什么程度？当时江苏最好的两种烈性白酒，他们都舍不得喝，就算给了他们酒票，都不去买！那时候对我们金宝圩少年来说，最幸福的出外“旅游”，就是大人带着我们步行去高淳县城（现在叫淳溪镇，也是一个旅游点）买酒，大约要走四五个小时，将近五十里。在淳溪镇上，就能买到江苏省产的最好的两种白酒。当然，卖酒的人一听我们的口音，就知道我们不是高淳人，也不让我们多买。这两种酒一是“双沟大曲”，一是“洋河大曲”，它们的地位是和安徽省产的古井贡、口子酒同级别的，比濉溪大曲、明光大曲要高档得多，比昏头大曲更是高到不知哪儿去了。

高淳人勤俭啊，有酒票都不喝，酒都卖不出去。当然，这酒也不能随便出卖，所以我们安徽这边的人就得想办法拿其他的票跟他们换，像是红糖票——老人生病、妇女生孩子都用得着它，红糖是非常珍贵的礼物，一般送礼就送一小包，一户人家一年只有两张四两的红糖票——我们就拿这最尊贵的票跟他们换酒票，买回一瓶洋河大曲或双沟大曲。那个时候洋河大曲、双沟大曲的度数，跟那时候的古井贡、口子酒一样，都是六十度至六十五度。这两种酒到底好在哪里？它们的原料和酿造方法跟古井贡一样，只不过它们用的不是古井里的水，而是河水。这水又是哪来的？用的是濉河的水系之下游，水质极佳。所以我讲好的酒一定要用好水酿造，濉河水流进江苏省界后就入了洪泽湖，洪泽湖的大闸蟹为什么好吃，也是跟水质有关的。

在原料选取上，洋河大曲、双沟大曲以及古井贡，跟其他地方的浓香型名酒最大的不同在于，除了高粱和大麦以外，还放进了豌豆。白酒里，只要放了一小部分（大概占原料的10%～20%，不超过30%）的豌豆，酒就会有一点点焦焦的味道，很像苏格兰高地的威士忌里的烟熏味儿。除了安徽跟江苏两省交界的这块地方以外，其他地方酿造的中国烈性白酒以前都不用豌豆这个原料，只有这个水系的传统酒坊才会用，所以造出来的酒味道很特别。很多北方人不习惯那种焦枯味，就像无数的“老外”（指英国本土以外的人）不习惯苏格兰高地和近旁小岛产的烟熏味特别厚重的威士忌一样。

当时的洋河大曲、双沟大曲对于我们金宝圩的农民来说，一年才能买到一瓶，而且只在春节才能品尝得到，端午、中秋节、元旦、国庆节根本别想喝到。现在的这些酒和当年的是没法比了，十多年前我在江苏连云港时，当地人拿出目下流行的高价精装洋河大曲来让我品尝。尝过之后我说，这跟以前同名的那款酒根本不是一回事，于是我就给他们讲过去的江苏名酒如何如何。当地人说你怎么知道得那么详细？我说我会走长路的时候就知道这个酒啦！——我其实没好意思讲，我穿开裆裤的时候就知道了！

在我们那一带，有人喜欢洋河大曲，有人喜欢双沟大曲，虽然两种酒用的是同一个水系的水，用的原料也差不多，酿造方法也没有很大的差别，但本人认为，对非本地人来说，双沟大曲更顺口一些。双沟那个小地方酿造粮食白酒已经有几百年的历史了，比洋河要长远几分。而这两种酒的产地名字也很相近，洋河大曲产自泗阳县，造双沟大曲的则是泗洪县。注意，没这个“氵”，就没有好水，水质不好是造不出好的烈性白酒来的。现在国内的白酒越来越比不上早年，跟水源污染——地面水、地下水都在内——也脱不了干系。

美酒之外还有美味：吓你一跳！

这就是我们少年时候所能够喝到的、不是本省产的、能够称得上地道优质的酒，而且也不贵，跟我们的濉溪大曲价钱差不多，一块二角几分钱一瓶，一斤装的。我现在还珍藏了几瓶专供出口的洋河大曲和双沟大曲，四分之一个世纪酿造的，真是舍不得随意打开。2014 年 7 月初，我应邀去南京大学国际社会学界的夏季讲习班讲课，消息传到我出国之前就认识的一位江苏省资深学者宋教授耳里，他和他的两位高足弟子精心策划了一场私人酒会为我接风。当我们慢慢品尝着世界上著名的几种红葡萄酒的时候，与他弟子相识的邻座三位访客顺便过来“意思意思”（我们家乡的客套，就是原本不认识的客人举着他们的酒杯主动来你面前表示敬意）。很巧，其中有一位是挂职在高淳县做地方行政部门首长的青年博士干部，听说我是他隔壁宣城县金宝圩出身的，将信将疑。我于是露了一手，描述他那边乡下最有名的一道传统菜：专门培育的肥胖蛆虫，伴以隔年的臭腌菜水，加上点卤制的老豆腐，在饭锅里蒸透，上桌，满屋飘香，令人口水长流——那可是嫩肤、美容、健胃、降脂、增加性感、延长寿命的秘法绝方（值得继承传播）。青年博士干部一听吃惊不小，知道我对他那边知之甚深，张口就邀请我重返故地，保证能吃上最臭最香的那道吓人名菜。

我表示感谢，不过提出一个小小的要求：请为我找到一瓶真的双沟大曲或洋河大曲。他连声道"没问题，没问题"。我说，那瓶酒不能是包装精美的时髦货，必须是改革开放之前或初期的老包装、商标破烂的旧酒，他一听懵了："我那时候还没出生，这……"[x]

第十八讲

“他算老几，能配给茅台一瓶？”

我在出国前后于中国境内觅酒的最后阶段，终于捕获了茅台。众人都知道，中国最有名的烈性白酒是茅台，但很清楚其中来龙去脉细节的人也不是太多。在中国的国民经济市场化改革之前，行政十三级的领导干部或者更高级别的才配给茅台。那时代的国营酒厂决不敢粗制滥造，更没有人敢制造假茅台，所以茅台酒的产量只有那么一点点，但风味独一，品质顶尖。我在 1984 年 8 月被安排出国留学之前的几年，已经在全国学术界有点名气了，但从来无缘喝到茅台（当时我的正式级别只有行政十八级）—— 直到离开中国前的最后一星期。说起来有些浪漫，其实挺伤感的。

我第一次不是从书本上读到、而是从身边的真人实事中遭遇茅台酒，是在“文化大革命”的中期，还是在老家安徽宣城的城关镇。前文故事里我们已经跟管大主任见过面了，茅台酒来到我们那个穷乡僻壤，也是得益于类似的特殊情况。记得是在二十世纪七十年代初的一个冬天，农历新年前夕，宣城县革命委员会的大院里照例贴出告示，公布所有主要的县领导干部的春节待遇，以便让广大革命群众监督。我当时作为革命群众组织的学生代表之一，被派到县革命委员会大院去视察实情。在属于主要县领导干部公告的那方墙壁上，大红纸粗毛笔书写的公告最高一栏里，有“方志明同志，新任县革命委员会主任，春节配给茅台酒一瓶，已经付现款二块六毛钱”。

我们一看，有点不相信，揉揉眼睛仔细再看，没错，是配给茅台酒一瓶。我们简直给震晕过去了——在这之前，我们只是在报纸的头版头条里读到，毛主席、周总理、朱德委员长举行国宴招待外国贵宾，用上茅台酒。这个方志明算老几，也够得上配给茅台？——“文化大革命”中革命群众常质问对方：“你算老几？”工人阶级是领导阶级，是老大，贫下中农是工人阶级最可靠的同盟军，是老二，革命军人老三，革命干部老四，……一直排到知识分子老九。

为慎重起见，我们决定去地方驻军司令部查证“方老几”的来头，因为解放军是我们最相信的人，对地方机构则不那么崇敬信任。一查，不得了，这个方志明来头不小！他早就是新四军的一名干才，“文化大革命”前已经是位于省城合肥市的安徽农学院院长兼党委书记，级别是行政十一级。在那个时代，这个级别的干部至少是大的地市级党政一把手，也可以做到副省长。把他派到县城里做一把手，太不正常了——人口八十三万、地势处于水陆交通交叉点、属于粮食征购大户的宣城县在“文化大革命”期间闹得太乱，级别低了压不住，用当地老百姓的话说，“磨盘轻了压不出油”。

立马在宣城城关镇的老百姓中传说开来（多半是传说，并没有正式文件下发通知革命群众），方志明的堂哥是中共革命烈士方志敏，当年跟毛泽东、朱德一起，是中国工农红军早期的领导成员。方志敏写的《可爱的中国》，是“文化大革命”前中小学课本里的一篇范文，我们都要背诵牢记在心，对他敬仰不已。所以方志敏的堂弟来宣城当一把手，是我们全县的光荣，配给他茅台酒一瓶，无可非

议 —— 他比二把手管大书记的革命资历硬多了，过大年时当然不能只喝安徽本省的古井贡！

那是我平生第一次感觉茅台酒跟我的距离拉近了，近在咫尺，虽然连方志明享受过的那个瓶子都没见着。

首都的酒市真不一般

等我 1982 年夏天拿到了复旦大学哲学硕士学位，于 9 月 30 日进驻北京市中心地带工作的时候，才发现就连北京路边的小卖部，都有至少十几二十种来自全国各地的好酒。虽然不是最好的，但有很多是我早先只在书上见过的酒，比如泸州老窖。即使买不到泸州老窖最优质的大曲和特曲，只能买到二曲和三曲，那已经了不得了！还能看到北方系列的地方名酒，比如河北的燕潮酩、刘伶醉，山西的昔阳大曲，甚至还能买到贵州的鸭溪窖，四川的尖庄大曲，等等。不过，像名列“全国名酒”（那时一共只有八种）的古井贡、洋河大曲之类是很难见着的，像茅台酒更加不可能。至多在重要的节日期间，能够买到“全国优质酒”和“地方名酒”，加起来也有几十种，而且不要配给的酒票。所以单凭这一条，我就立马爱上了伟大首都，越来越爱。

我一辈子这么爱酒，那么多的熟人都知道我爱酒，我上文故事也讲到了我第一次看到古井贡的瓶子和第一次喝古井贡的经历，可在那个时代茅台就是太难得到了。从我在墙壁上那张大红纸公告上读到“方志明同志，配给茅台酒一瓶”，到我第一次看到茅台酒瓶子，中间隔了好多年。当时，盯着那瓶子我可真是口水直淌啊。我分到北京工作的单位是中国社会科学院，位置是在东城区建国门内大街五号，步行距离不超过二十分钟的范围里，走过建国门立交桥，就到了友谊商店。那个时候的友谊商店卖的都是最好的国产货，只许老外入内，中国人不能进去；而且你进去了也没用，因为买东西都要用外汇券，而不是人民币。那个时候外国人来中国，不管是开会、探亲还是观光旅游（最后这种人来华的很少），在入境的时候都必须凭外国护照将所携带的外币换成中国银行签发的外汇券，然后拿着外汇券才能在友谊商店里买东西。

对当时的我来讲，茅台酒的吸引力实在是太大了，因为别的中国名酒我基本上都品尝过了。有好几次，我都走到友谊商店门口了，也进不去，就在外面看看玻璃柜里的茅台酒瓶。当时的茅台酒价格是八块六角钱一瓶，我的工资加上其他七七八八的补贴，一个月有六十八块人民币，在本单位的年轻人中间已经是最高的了。而我当时在国内学术界也已经是挺有名的新秀一个，可是我连茅台酒瓶子都摸不上，真是窝囊，真是悲哀啊。

这个痛苦一直持续到我被推选去美国留学的前夕。

昆明湖水深千尺，不及薛弟送我情

在当时，像我这样在国内已经拿到硕士学位的人，按国家的规定是不能够以自费形式申请出国念书的，再加上也没有钱，因此只能走公派留学的路子。当时中国国内毕业的研究生少，出国的留学生更是稀有动物。

我在复旦大学念书时，经常跑到上海外国语学院（现上海外国语大学）去看电影。每逢周末，外国语学院就有两样对周围几个大学的学生非常有吸引力的活动：一是看进口的原版电影，打着中文字幕，听着外语原声，适合学习口语；二是舞会，那个时候像我们复旦大学是不敢经常开舞会的，而且也没什么人会跳西式舞蹈。就是出于免费看进口电影这个原因，我认识了好几个外国语学院的学生（当然不包括当时外国语学院最有名的学生——新星陈冲，演电影《小花》的演员），其中有一个跟我特别要好，姓薛。这位薛同学是学日语的，口语特别棒，所以学校经常派他作为翻译，全程陪同日本访华团。上海人的脑子比较灵活，有时候日本访华团的成员回国前，身上还剩了一点外汇券，薛同学就跟人家说我拿人民币跟你换外汇券，你可以用人民币在中国的街上买点小礼物带回去，我拿着外汇券可以买点中国老百姓买不到的稀有东西。哪些稀有的东西？比如说“三转一响”，也叫“四大件”——自行车、缝纫机、手表和收音机。这些“大件”每一件要很多外汇券才能买得起，比如永久牌或飞鸽牌自行车，要一百多块钱一台，这在当时就不得了啦，要积累两年的外汇券才行。

但是这位姓薛的兄弟啊，对我特真特诚特好。他听说我要去美国留学了，就利用一次陪团翻译出差的机会，从上海来北京给我送行。这让我非常感动，而在那之后的三十多年里，我们都没再见过面，听说他早就去了日本。他的日语比普通话还好。那次薛同学来北京以后，更是干了一件令我不敢相信的事情：他把积累了三年、准备结婚买几大件的外汇券，统统带到北京来了。然后，他给我买了三瓶茅台酒。再然后，他在北京最好的招待外宾的烤鸭店，为我送行。他这样倾其所有的外汇券，我的那份感动，简直不知道该怎么表达……他的婚期一定是要推迟的，没有必备的几大件，在上海办婚礼是太不像话了。

那是我第一次摸到了茅台酒瓶子，第一次喝到了茅台酒。那个茅台真是好茅台啊，我们在餐桌上喝了一瓶半，服务员姑娘过来跟我们说："你们喝那么好的酒就不应该来我们餐馆。"我们问："那在哪喝啊？"她说："你们应该在自己家里喝，门窗都不要开，整整一个星期，在家里不管再喝什么酒，你都会觉得自己在喝茅台。在这里喝完就走了，多浪费茅台的香味啊！"——当然她不知道，我在北京住的是办公室，连集体宿舍都还没等到，哪有自己的家啊。那个年头，能喝上茅台的人没有自己的宿舍，太离奇了！服务员姑娘不会把这两个点联想起来——行政十三级或更高级别干部的家人，哪能缺房子住？

就这样，一个多星期后我就离开了中国。随着出国留学，我进入了资本主义的最发达世界。自此以后，我追寻酒的故事，就完全不一样了。

第十九讲
酒中的天外天

我在中国觅酒很多年的几项成果，已经对各位有所交代了。从现在开始，我要到国门之外 —— 地外地 —— 去找美酒了，那是酒文明的天外天，“天方夜谭”嘛！那个永远不会淡忘的、酸甜苦辣都融和着的日子，1984 年 8 月 29 日，我从社会主义初级阶段的中国一步就迈进全世界资本主义的大本营美国。

所谓“紧急费用”款项

由于我是公派出国的，飞机票自然是单位给我买；又因为是留学，所以买的是单程票。此外还有一笔“置装费”—— 要知道，当时大家在国内穿的都是一样的，开会的时候穿个中山装，平时穿的衣服都是很简陋甚至破破烂烂的，当然我到北京后就已经不是穿戴破烂了，但依然很简陋。这置装费就是用来置办出国后所穿的正规服装，不能让你在国外丢中国人的脸。不过这钱也不是给你个人的，只能到指定的服装厂量体裁衣。这个服装厂近年来在中国可能已经是最有名的一家了，至少是最有名的几家之一，它就是位于北京东交民巷的“红都”，当时叫“红都服装厂”，那是给党和国家领导人定做服装的地方。几年前我步行到那儿，服装厂还在原地。

包括飞机票、置装费，甚至一件大行李箱当时都是公费，一律按照规格配备，但以上的费用都不归本人控制使用。另一项重要的准备工作是兑换外汇，这是唯一可自己控制的款项，叫作“紧急费用”。所谓“紧急费用”款项，是给我离开中国刚进到美国后短时间内以防万一备用的。在当时的中国，外汇可不是你想兑换就兑换，那时候私自买卖外币可以判刑一到三年，叫“倒卖倒买外汇罪”。因为我出国读书是一个特殊的安排，所以相关外事部门的人员告诉我，我的外汇额度会稍微提高一些，但具体提高多少，还要上面的领导批。后来我才知道，特批我的外汇额

度 —— 我的外汇额度是六百美元现金，对当时我这样每月收入只能兑换十五到二十美元左右的小青年，已经是一笔巨款了 —— 的领导，竟是周总理当年的一位资深秘书，以前专管宗教事务的，后来管对外文化学术交流，是部级领导。

“下个月我们匹兹堡见！”

我很幸运，获得的是一笔特殊的奖学金。这奖学金是由谁授予我的？是美国匹兹堡大学的校长波士瓦（Wesley Posvar）博士 —— 他是二十世纪全美国任职时间最长的大学校长，到退休时，已任职了将近半个世纪。据说他是第二次世界大战期间，美国空军援华抗日的“飞虎队”中最年轻的飞行员。由于波士瓦和中国在历史上有特殊关系这个背景，他访问北京时，并未入住外宾通常住的北京饭店，而是提出希望能住在一个老的皇家庭院里。最后，他被安排住在官园，那是当年康生的官邸，是老北京的几大清王府之一。

我们那时出国，考试方面虽然还没有后来程序化的那么繁多的标准科目，但也已经有一些基本的规定了：到美国去，你得考托福；去读研究生，得考 GRE。但因为我的情况特殊，而且我也确实没那个本事（我的一切都是自学的，英语水平根本考不到达标的要求），也就没经历过托福和 GRE 的考试“炼狱”。一半是靠了那位部级领导的安排，中国官方在为波士瓦校长访华举行正式宴会时，把我也喊去了作陪。那位部级领导跟我说，小丁，你没参加过任何考试，美国大学校方就缺乏依据给你寄来留学生签证表格，你就办不了赴美的手续。波士瓦校长很着急，你去留学享受的是“匹兹堡大学校长奖学金”，他们在全中国可只给了两个人，而且还不是在同一年里给的。正是由于波士瓦校长的背景，他希望把这件事做得特别有示范作用，所以在他访华时提出：“我能不能见一见这个丁先生？我看过了，如果觉得可以了，那我们学校就可以发那些证书、表格过来给他。”于是，那位部级领导才把我也喊去了官方宴会，去之前他跟我说，见面这个事情你得认真准备一下，你什么考试成绩都没有，这位校长如果看不中你的话，这个事情就完啦！

我之所以被推荐授予这个冠名的大学校长奖学金，是由于我不久前获得了中华人民共和国成立后第一届全国社会科学中青年优秀论文一等奖，这个奖项获奖人的名字是印在《人民日报》上的，包括国内版和海外版。如果没有这个全国一等奖，就没有后面的故事了。匹兹堡大学国际交流办公室后来核对了一下，说我们要提供奖学金的丁学良就是这个人，没错。

见面之前，波士瓦校长是看过我的英文简历的，他说能够在中国十亿人中拿一等奖的，肯定不是个傻瓜；丁的英语可能口语交流不行，但是这年轻人的学习能力肯定是没有问题的。等到真的见面，校长问了我几句话，我一句都没听明白。那位部级领导就在边上，也被弄得很紧张，因为他想把这个事情做成嘛。那位领导小时候大概八岁多一点，就被送到上海的教会小学，所以他是从小就学英文的，口语特别地道，他说得益于早年每天朗读英文《圣经》，唱英语歌。后来他成为地下共产党员，是老资格的文化战线统战工作领导，这就是他为什么会成为周总理的宗教事务秘书。

可是他在我旁边也只能干着急——无论是从年龄上讲还是从资历上讲，他总不能当我的口语翻译吧——他只好不断地给我递眼神，暗示我应该回答一下或至少面部表情反应一下。可是我不会回也不会应啊，我听不明白啊。唯独只有波士瓦校长的最后一句话，我模模糊糊听懂了，他说:“I see you in Pittsburgh next month!（下个月我们匹兹堡见！）”而且他脸上满脸笑容，我知道这个事情过了！那位领导见状在旁边说，你感谢啊，赶紧感谢啊，可我当时已经激动得没法想别的了。领导一看离匹兹堡大学注册的时间只剩下不到两个星期了，就说:“小丁你赶快回去准备吧，甭在这儿待着啦，你还得去外事局办手续、制西装、买行李箱。”我虽然被邀请参加这个高规格宴会，可只喝了一杯水就跑掉了，虽然宴会桌上有中国名酒——“中国红”葡萄酒和“张裕白兰地”，还有中国最知名的青岛啤酒。

“任何时候都不能忘记国家的外事纪律！”

所以我说我出国是个特殊安排，此前我从来没进过机场更没坐过飞机，第一次上飞机就出了国。我从北京启程，途经上海飞往美国西部的国际大空港旧金山。等我到了旧金山机场要转机的时候，我傻眼了——当时的北京国际机场只有一两个登机口，你是不会搞错的，可旧金山机场不是。我在那里从中美国际航班换乘美国国内航班，几十个登机口，都是英文字，我就懵了，那种紧张和狼狈是很难想象的，你或许可以想象一下从地球坐飞机到火星去的滋味。

那个时候的美国，很少能看到中国人的面孔，当时我拿到的中国护照一直保留到今天，是非常珍贵的。我的公务护照编号是6000多号，这个数字可不得了，那不是说1984年一年内签发了六千多本护照，而是从1949年中华人民共和国成立到我出国为止所有拿公务护照的人（除了拿外交官特殊护照的），累积起来才六千多个。因为属于公派出国，我们一到纽约市国内航班机场出口处，就被接到中国总领事馆里去了，接受几天外事纪律的培训。吃住都在当年靠近哈德逊河不远的总领事馆大院子里，每天只交很少的几块钱住宿费伙食费，其他的费用全包了，生活上的安排跟在部队里差不多。每顿的饭菜自己拿碗去从大锅里盛，不限量，吃完饭每人还发一个美国产的大橙子，在国内没见过这么大的，觉得肠胃真滋润。但我还是有点不满足，因为餐桌上没有酒供应，我就悄悄地问厨房里的大师傅：能不能搞点酒来喝喝，菜的味道这么好，没酒喝太可惜了！大师傅说我们的伙食费是按标准交的，不包含喝酒费，要喝酒得自己掏钱买。我问能不能买瓶茅台喝——我还惦记着一两个星期前在北京薛老弟请我喝茅台时的神仙感觉。大师傅斜着眼回我一句："你是什么级别，要享受茅台酒供应的待遇？那是国庆招待宴会上才拿出来的，你要想喝，就让总领事馆邀请你来出席国庆正式酒会！"

我只好自己掏钱买了几瓶青岛啤酒，那也比在北京的时候喝燕京啤酒好得多了——那年头的燕京啤酒是顺义县小酒厂做的，一股洗锅水的味道，还要凭本子供应，拿空啤酒瓶换购。出口到美国来的青岛啤酒，是中国最顶级的了，喝着很让人开心。我请大师傅也喝一瓶，大师傅很受用，拿出他的私房酒与我分享——那是泸州老窖大曲，他是四川人。我很想到总领事馆外面的纽约大街上走走，看看热闹，也可以顺便买几瓶美国啤酒来过过瘾，但没被批准。我们在总领事馆受训期间管得挺严，给我们上课的总领事馆干部一见面就宣布了几条规矩：第一，不可以擅自外出，走出总领事馆院子必须事先请示。第二，外出不可以单独一人，至少要三人一组，准时返回。第三，在外边不可以随便进不应该去的店铺（主要指卖色情出版物和性产品的成人用品商店），不可以阅读反动报刊。第四，在街道上不可以随便与人交谈，尤其不可以谈论总领事馆内部的情况。要提高警惕，防止外国间谍人员套近乎、拉关系，尤其是要警惕敌人的“美人计”圈套。

说了这几条，总领事馆干部严肃地看着我们：“你们属于国家最早派出来学习的几批人，千万不要出事，任何时候都不能忘记国家的外事纪律，出了事就后悔莫及了！”我们能体会到，违反了外事纪律，就有可能被遣送回国。所以，在纽约的那几天，我也没有机会到外面去买酒喝酒，只能在总领事馆食堂里喝喝国产酒。我到美国之后外住的第一站是匹兹堡，国门之外追寻酒是从那里才开始的。

第二十讲

“生锈”的大匹兹堡市

严格讲起来，我住的地方并不在匹兹堡市区里边，而在大匹兹堡区域的奥克兰镇，那是一个典型的美国大学城，居民绝大多数是匹兹堡几所大学和学院的学生。一到放长假的夏天和圣诞节期间，镇上就没了人影。几所大学普遍没有设围墙，这也是我们刚到美国后最初的惊讶观感之一。在中国，没有围墙的大学好像从前没有，现在更没有。

大匹兹堡市是美国钢铁业和煤炭业的中心，在美国工业化的历史上相当于鞍山在中国的地位。我们知道鞍山有“鞍钢”，匹兹堡也有“匹钢”。所以匹兹堡在我们小时候念过的书中、在我们的想象中，那是全世界最重要的工业中心之一了。但我去的时候，就已经遇上了美国的经济大转型，在那之前的八九年，英国刚经历了全世界第一次老工业中心地带的大转型，这在英文中有个专门的表称：A Dust Belt。在最早一批工业化的国家里，都有这样几个城市，它们是一个“产业链”。这个产业链一百多年以后都“生锈”了，变成了一条生锈的裤带，拖累全国的经济生态。在英国，好几任首相都没能处理好“生锈带”问题，直到撒切尔夫人上台以后，才用铁腕解决了这个问题，使得英国的产业转型。美国的工业化比英国晚小半步，我去的时候刚刚开始这种大转型，而转型的第一个标志地区就是匹兹堡及其周边。所以我一到匹兹堡就傻眼了：那么多小时候看电影、看小说时看到的有名的炼钢厂、火车车站等城市工业化的标记都生锈了，看不到人了。这对我来说是很震撼的，我来美国是学习现代化的，匹兹堡在我心目中是中国工业化最重要的榜样之一，怎么到处都生锈了？！

后来，美国教授们跟我讲，匹兹堡现在遇到的问题就是美国所有老工业中心遇到的问题，别看现在的匹兹堡“生锈”了，当年这儿的工人时薪可是全美国名列前茅的。在二十世纪七十年代，这里炼钢的以及从事钢铁业相关工作的工人，每小时最低工资将近八美元。我一听吓懵了：

他们一天挣的比我在北京两个月的还多（我在北京的每月六十八块钱人民币当时换成美金也就几美元）！美国教授说，当地的工人虽然在我去时已经很不景气，但当年他们可是美国工业化和支柱产业的先锋人物——这就是我在匹兹堡找酒时遇到的社会环境。

一步成了“小资本家”

匹兹堡大学所在的地方只是个不大的大学城，有几万人。这个大学城里有五六个高校，最有名的两个是规模最大的匹兹堡大学（简称 Pitt）和更有名的卡内基－梅隆大学（简称 CMU）。从奥克兰镇这个小小的大学城开始，我的故事就与许多后来有名的人串接起来了。

我幸运地拿着“大学校长奖学金”去的匹兹堡大学，这个奖学金在该校所有的留学生奖学金中是最高的一档。直到现在，我还保留着当年的那些证书，经历了三十多年，字的颜色都褪掉了。当时给我的奖学金涵盖每年的学费 13000 美元，我个人不用出一分钱学费。除此之外，每个月还给我 830 美元的生活费，这在当时可不得了了！当时中国公派出去的留学生（都是选来选去选出的全国名校的尖子），中国教育部门给他们的生活费是每月 375 美元，而且还不是全部都能拿到自己的手里，要扣除医疗保险费等，能拿到手的连三百美元都不到，而我一下子就拿到八百多。授予我奖学金的波士瓦校长很忙，管着学校里好几万人呢，但是他下面的办公室、院系、国际学生中心的人对我都很客气，基本上每个周末都邀我参加某一个家庭的或校园的小型聚会。我的另一个特殊待遇就更是其他留学生研究生难以想象的了：大学允许我使用学校里的办公室，我能在办公室里复印和打长途电话，这两样，尤其是复印对学生来说是很贵的，我记得大概是六到七美分一页，要是每个星期复印二百页，这笔费用就不小了，而我每个星期复印五百页都没问题。我还可以打长途电话一分钱不付 —— 当然了，这只能打美国国内的长途，打不了国际长途。

所以其他留学生研究生都傻眼了，问我怎么有那么好的待遇啊！然后就猜测我有什么特殊背景，结果几个外国人还犯了一个严重的错误 —— 他们看我名字的拼音是 Ding Xueliang，就说哎哟，你是邓小平家族的后代，因为“邓”的拼音 Deng 跟我的 Ding 在他们眼里也看不出什么分别，而且 Xiaoping 是“X”开头，“ing”结尾；Xueliang 也是这样的。Family name（姓）和 First name（名）都基本对上号了。这个推断真是好意犯错，而且错误不小，我为此解释了多次，说我很敬重邓小平先生阁下，如果没有他领导的改革开放，像我这种人是绝对没份出国的，但我绝对不是邓小平家族里的人，我跟他一点点亲戚关系都没有。可是我越是这么说，有人就越是觉得我真是，只是为了不暴露身份才公开否认……

因为我每月有八百多美元的生活费，后来在奥克兰镇，只要是重要的中国留学生聚会，一定是我买一部分单。在很多同学的眼里，我简直一步就变成“小资本家”了！

从没有商标的劳动人民啤酒开始

我在匹兹堡找酒时就是这样的经济背景，在各种聚会上，我最在意的当然还是酒。你知道，在此之前我在中国找酒的经验是比较霉气的——毕竟没多少好酒能找到啊。第一步在 Pitt 周边找酒的时候，我就问接待我的那些人，说我非常希望在念书做学问以外，还能够对美国的酒有亲身经验，你们得认真指教。当然，根据我喝酒的经验，不能从最好的酒喝起，这样以后喝的酒就都没有味道了；从学习的角度来说，只能从最普通的酒喝上去，一步一个台阶，这样才有指望，才有前景。

他们听了觉得很有道理，说要是想从最低档的酒喝起来，就得喝他们工人阶级的酒。我问他们工人阶级的酒是什么，他们说他们工人阶级的酒分两种，一种是工人阶级中最低档的人喝的啤酒，没有商标，是本地造的，造好了就送到几个小铺子里去，工人下了班就拿一个 pack（半打六瓶）回去，330 毫升一瓶，一晚上就差不多都解决了，第二天早上还能拿那六个空瓶子回店铺去退押金。我一听觉得这个挺划算，问他们去哪儿买。“这酒虽然没有牌子，但是想买，倒不容易的，因为价廉物美呀。不过，在我们附近有几家店常卖，但也不是二十四小时都有，你得赶在一帮帮的钢铁工人下班之前去看看。要是这批没牌子的卖完了，你就要买第二种啤酒，有牌子的，要贵一点。”我就是从这种没有商标、钢铁工人下班后拿回去当饮料喝的啤酒喝起来的，买这个啤酒的时候，六瓶一共才一点八美元，加上每个瓶子五美分的押金先交，一个 pack 一共才二点一美元。当然这按照当时中国老百姓的收入来讲已经不便宜了，因为我出国前北京产的最好的啤酒“五星啤酒”每瓶也就两毛多人民币。

因为钢铁工人喝的啤酒没商标，我想到我们家乡本地酿造的、没商标的“昏头大曲”，就对这个啤酒期待很低，以为是美国版的“昏头”啤酒。可是把它拿回去一打开，往杯子里一倒，哎哟，麦香味很浓！就是大麦的那种香——这酒其实是用本地的水、本地的原料，用传统的方法造出来的，挺好喝，我就心想下次回国探亲的时候无论如何要把这种没商标的啤酒带回去给乡亲们尝尝看。

在试喝没牌子啤酒的那几天里，我老想着中国的“初级阶段”的啤酒。记得我第一次喝啤酒，当时我们家乡下放来了一个知识青年，上海来的，她嫁给了我们那儿一个中学的校友。这个校友第一次从我们家乡到上海去看丈母娘，回家乡时带回来几瓶啤酒。当时啤酒是凭户口簿定量供应的，那啤酒的牌子好像叫“东海啤酒”。那啤酒就是给今天的农民也不会喝的，它的味道简直就是隔夜洗锅水的味道。但在这之前我从来没有喝过啤酒，那时候喝啤酒，对我来说，就是喝“西方文化”，因为啤酒是西方文化的象征。这种啤酒就是再难喝，我都会带着想象和感情把它喝下去。那大概是1972年，那是我第一次喝啤酒。那时候我是有什么酒就喝什么酒，没有酒就想喝酒，关于酒的想象力特别充沛，没有枯竭的时候。我第一次到北京工作的时候，那时“燕京啤酒”跟现在的水平没办法比，现在它们是鸟枪换炮了！那时候北京有地位、有身份的人，喝的是北京“五星”牌啤酒；外国人也是喝这个，特别喜欢它的黑啤。而我们这些没身份、没地位，刚刚大学毕业分配到北京工作的人，喝的就是燕京啤酒。那时候燕京啤酒的味道就跟上海的“东海啤酒”一样，像隔夜的洗锅水。不过就是这样，也不容易买到。那时候喝啤酒你得要拿空啤酒瓶去换，带上你的户口簿。拿空瓶去换啤酒，自从我离开中国以后只见到过一次，就是1989年秋天我在罗马尼亚做调研，那时候罗马尼亚还是比较全面的计划经济。我路过一个中等城市，看到一家商店门前排队排了几百人。那么多人手里都拿着空酒瓶，眼巴巴地排大队，我马上就明白是怎么回事。果然不错，你有几个啤酒瓶，你就换回来几瓶啤酒，当然要付钱，还要酒票。

在找酒的道路上继续进步

但是我这个人呢，对酒的好奇心是按捺不住的。我刚到匹兹堡时是1984年的9月初，当地天气又闷又热，非常适合喝啤酒，所以头几个星期我差不多每天都要去买没商标的啤酒，每次买六瓶回来，自己喝三瓶，剩下三瓶给别人喝，当然其他同学来了也不好意思多喝，喝个一两瓶吧。这样两三个礼拜喝下去，我就觉得有点不甘心了：我在中国那么小有名气的一个人，跑到美国来拿着大学校长奖学金，不能就停留在这个阶段吧！回去以后吹牛只喝过人家没商标的啤酒，有点丢人，怎么说我都得进步进步吧。

因为我常去买这种没商标的啤酒，卖酒的也对我很友好（虽然我的英文口语一塌糊涂，一共也憋不出几个字）。我就问他们有没有比这更好的啤酒（“Better! Better beer!”），卖酒的就讲：“我这里其他的酒都比它好（better），你要选哪种？”但我一看好多酒都太贵了，这个六瓶才一点八美元，其他的六瓶都要四到六美元，甚至十几美元的都有。虽然我买得起，但心理上受不了，觉得太腐败，怎么能喝这么贵的酒！然后我就把手放在那个没商标的啤酒瓶上面一点点，说“better”，就是比这好一点点的啤酒，不是那么好的。卖酒的就介绍说，那个酒比它好一点点。我一看那个酒，很有意思，商标是Iron City，“钢城”牌啤酒。比没商标的啤酒好一点点的“钢城”牌啤酒，价格就到了六瓶二点五到二点六美元了，因为它有商标，而且很好看，很像中国大跃进时期的商标：工人的膀子肌肉都是一块一块的，还拿着大榔头，头上戴着帽盔，还有钢铁出炉时闪耀的火花。这个酒要带回中国国内真是太好了，一看就是工人阶级喝的酒，特供无产阶级的，应该在中国的鞍山卖。

所以，我在美国最初的一两个月里，从没商标的钢铁工人酒喝到了有商标的钢铁工人酒。当然，我后来慢慢地就“进步”了，尽力往上走了。

说到这，还有我跟中国后来挺有名的作家王小波一起喝酒的事。王小波那时候常跟我在一起吹牛发牢骚，我只要买啤酒回来，第一个来串门的多半就是他，最后一个走的也是他，还老说我：“你丁学良就是一个地地道道的‘资产阶级分子’，喝这么好的酒！”他那时没有奖学金，认为跟我不是一个阶级的。等他后来有点钱了，就请我们喝百威清啤（Bud Light）；他是很讲义气的一个人，英年早逝，真可惜。我在《我读天下无字书》里，回忆了和他以及李银河相处的日子。

我在国外追寻酒的步子走得不算很快，但很扎实很稳健很持续，一步一个风格，一步一个方向，一步一个道道，一步一个地区，几步一个国家。虽然迄今还没能把小小寰球给包圆，也大半漫步追寻过了。二十世纪晚期一位知名的波兰记者雷沙德·卡普钦斯基（Ryszard Kapuscinski）说："我必须要旅行，这是我唯一可以活下去的方式，只有在路上，我的脑袋才会转动；一旦坐下来，我的脑袋就变得一片空白。"因此，在数十年的记者生涯中，卡普钦斯基见证过二十七次革命爆发事件，亦因为深入险境报道现场实况而四度被判处死刑，最后又都给他设法逃脱掉①。我不够格成为卡普钦斯基的战地记者同行，但在走遍天下学习美酒体验酒统的精神态度上，和他是一气相通的。[xi]

① 读者请读张翠容：《行过烽火大地——战地女记者游走边缘国度的采访实录》，马可孛罗文化，2002，第29—34页。

下　篇

以做学术研究的态度寻觅酒

——惟有饮者留其名！[xii]

这里我得先来一个开场白，把自己的几项喝酒原则交代清楚；不然有些读者可能会产生误解，以为我是劝人家多喝酒、喝昂贵的酒，间接地为酒商做推销。我们不能让公众产生这样的可笑误读。

第二十一讲
喝酒的“五个一样”

我对喝酒有“五个一样”，读者从这里就可以看出来我跟酒的关系了。

第一，有人没人一个样，我都要喝酒。中国老古话：“一人不喝酒，两人不赌钱。”而我无论是一个人还是跟朋友相聚在一起，都要喝酒。

第二，心情好心情坏一个样，我都要喝酒。在这一点上，我自认为境界还要胜过许多古人。杜诗圣云：“自吟诗送老，相对酒开颜。”李诗仙云：“抽刀断水水更流，举杯消愁愁更愁。”而情绪好情绪不好，都不影响我喝酒；喝酒本身自有它的独立价值和意义。

第三，有菜没有菜一个样，我都要喝酒。我们皖南家乡有句俗语：“一粒黄豆三杯酒。”喝酒的人只要有酒，就不计较菜多菜少，菜好菜坏。一粒黄豆分两瓣，三杯酒就下肚了。

关于这个问题，资深编辑龙希成博士曾问我：“那为什么是两瓣黄豆三杯酒？三杯酒要三瓣黄豆才能送下肚呀！”这个问题一问，就说明读哲学的龙博士太执着于逻辑思维，而喝酒的功力太浅。会喝酒爱喝酒的人第一杯酒进嘴之前，是不吃菜的。那第一口酒才解馋！喝酒的时候“菜多败味，菜少伤胃”，就是说吃太多的菜会把酒的味道给压倒了破坏了。我们的先贤们深明此道，李太白仙人有诗：“客到但知留一醉，盘中只有水精盐。”

第四，天气好天气不好一个样，我都要喝酒。天气好坏只影响我的情绪——我每天都希望在室外长途步行晒太阳、想问题、构思写作，天气不好这些活动便难以欢快地进行，然而喝酒并不在被天气随意主宰的范围之内。

第五，在中国在外国一个样，我都要喝酒。我基本是每天都喝酒，每天只喝一顿。可一年下来，我喝醉酒的次数不会超过一次，所以我喝酒是能严谨地系统地自觉自愿地控制的。我如果哪一天突然不喝酒了，只有两种情况：一种情况是我生病了而且不是芝麻大的不舒服（所幸的是我很少生病），一种情况是我头一天喝得多了点，喝“过”了。喝“过”了不舒服，但还没到滥醉的地步。因为喝得太“过”了就难受，煎熬身心，所以我坚持不喝太“过”，不被周边人群的傻喝气氛和蛮横拼酒所误导。

在我出国的二十多年里，既不是因为生病也不是因为头一天喝“过”了而没有喝酒的，记得只有一次，就是1997年2月，邓小平他老人家过世。虽然我身在葡萄酒新王国澳大利亚的阳光首都，却好几天没有碰酒，心中百端交集。

你想知道为什么？一言难尽。不过还是可以用“一言”来简单地概括：他两次改变了我的一生。

第一次是1977—1978年开始恢复高考制度和研究生招生方针。没有这番变故，我也不会考上名牌大学的研究生，分配到北京，进入顶尖的社会科学研究部门，在做象牙塔研究的同时，做一生难忘的宏观政策调研工作。

第二次是二十世纪七十年代后期至八十年代前期的那段“百废待兴”的关键时刻，邓小平基于自己青年时代留学欧洲多年的切身经历，大力推动对外开放，从教育系统开始，从派留学生赴西方特别是赴美国着手。没有邓小平的大力推动，我这样的青年极难有机会出国留学。

不仅仅是基于以上的个人成长的缘故，还有其他的更重大的考量，我对邓小平的总体评价一直是高扬的。在国内高扬是不用解释的，在国外更是高扬 —— 他 1997 年春节期间过世，我接受西方多家主要媒体的采访，就为他盖棺论定："邓小平是中国近代以来最大的改革家。"

我这番话不是随口说出来的，它有根有据、有分有寸。自从十九世纪上半叶西方列强一脚踢开大清王朝的大门以来，出了不少的改革家，大体上可以分成三类。一类是有改革的思想但无改革的实施权，属于"书生或书面改革家"；这种人太多了，举不胜举。一类是有改革的意愿也有一点改革的实施权，但无改革的决策权，属于"半傀儡型改革家"，受制于慈禧太后的光绪皇帝是一个最典型的例子。与这些人不同，邓小平既有改革的意愿也有改革的决策权，他是 1977 年复出以后将近二十年里中国事实上的最高领导者。尽管他的改革方略不是一成不变、完美无缺的，但他以"对外开放"为触媒的对内改革政策，确确实实促成了中国社会结构性的深刻变化；其时间跨度迄今（按：指 1978—2004 年）超过四分之一个世纪，形成了不可逆转的坚韧趋势。中国近代改革史和改良史上，无一人胜过邓小平，所以我把他称为“中国近代以来最大的改革家”。因为他在所有的改革家中，权力最大，主导大政方针的时间最长，改革措施产生的效果最大。邓小平去世那几天我在澳大利亚最好的季节里——南半球的金秋时段——却喝不下酒，没人命令我不喝，就是出于这种真切的感情。

我们再讲回来，以上的那“五个一样”，就是我跟酒的基本关系，你称它们为“喝酒的自我控制五项基本原则”也不为过。

我在好几个场合都鼓吹中国要摒弃无知无聊乃至野蛮的喝酒方式，要推广先进的喝酒文化。[①] 我提倡的“先进的喝酒文化”，共有三个要点。

第一点，“想喝什么喝什么”。你想喝白酒就喝白的，想喝红酒就喝红的，想喝啤酒就喝金黄色的或咖啡色的，想喝可乐就喝甜的，想喝茶就喝清苦的，想喝白水就喝没

---

① 在由中央电视台纪录片老资格导演时间先生协调的一场白酒业界座谈会上，我再一次强调好酒必须以先进的喝酒文化方式享用，随后应约口述了一篇文明圈里的饮酒三项规则，可以称作“新世纪非典型劝酒辞”，发表时间为 2007 年 12 月 20 日，趁的是年尾年头辞旧迎新大家饮宴频繁之机。本节下文即节选自该文。

味道的。总之不要强求别人喝他们不想喝的那种液体，即便你酷爱某一种液体。你作为主人要想表现出尊重对方，最佳的方式就是尊重对方的选择，而绝对不要强加给对方。

第二点，“想喝多少喝多少”。只要别人只想喝那么多，你就不应该强求他（尤其是她）喝得更多，不管是以什么样的庄严理由。对于此点，有一位四川省的老熟人书法家在席间问我：为什么不是“能”喝多少喝多少？我向他解释：有些人平时酒量很大，某一天或者情绪不佳，或者身体不好，或者事务太多，或者与情人有个约会，虽然有能力多喝但不想多喝，就应该随他们的意愿，而不要让他们非喝到足量不可。“想喝”和“能喝”一字之差，用前一种提法更尊重饮者的当下自由选择。

第三点，“想怎么喝就怎么喝”。有的人想大杯一口干，有的人想慢悠悠品尝，有的人想酒中加冰块，有的人想暖壶温酒，有的人想啤酒里掺威士忌，有的人想葡萄酒里混雪碧（这种喝法实在属于“二百五”），你可以提供修正的建议，但不要强求对方照办，随他（她）的意。

我坚信，只要这三点落实了，就会为主人和客人省却宴会上的无穷压力，为他们的健康增添长远的助力。必须认识到，在现代社会，先进的喝酒文化乃是先进文化的一个有机组成部分。我本人从二十世纪九十年代中期起，一有机会就在国内讲授这种先进的喝酒文化，可惜影响面尚不够广，因此要在此拨冗撰文，大力鼓吹。

喝酒的“中国世界”和“西方世界”

回想起来，我喝酒经历过两个世界。一个是我喝酒的“中国世界”，一个是我喝酒的“西方世界”。两个世界，各有喝酒的物质文化甘与苦。所谓我喝酒的“中国世界”，指的是在我出国之前喝酒的那个世界。我出生的地方是安徽南方，是集中出穷人和出文人的地方。出文人的地方就一定跟酒有关系，中国古代的文人跟酒始终有不解之缘。“明月高楼燕市酒，梅花人日草堂诗。”“千树梨花百壶酒，共君论饮莫论诗。”每句诗每个字都散发出酒的芬芳。当然，以前中国的文人还跟另外一样事情少不了因缘，就是名妓（其实应该用艺伎的伎字），也就是以诗书琴画、凄楚身世、大义深情挑战碌碌正统俗见的奇女子，像董小宛、柳如是、沈素琼之流。

所以，我们家乡跟酒的关系实在太深了。家乡有个规矩，虽然小孩子平时不让喝酒，但有两种场合可以例外，小孩子可以喝。一种场合是，家里来了尊贵的客人，比如说舅舅，男孩子给客人敬一次酒，这个时候你自己可以喝一点点。像我们小时候六七岁就开始敬酒。另一种场合是过大年，吃年饭的时候你可以喝点酒。我从小就跟酒结下不解之缘。

我喝酒的“中国世界”大致经历过两个阶段。第一个阶段是“初级阶段”；在这个阶段是有什么酒就喝什么酒，没有酒就想喝酒。这个阶段当然跟普遍的贫困有关，像当时中国的其他地方一样，能有饭吃就不错了，哪有钱喝酒呢！一直到我出国的时候，我都是有什么酒就喝什么酒，没有酒就想喝酒——这是真正的初级阶段。等到 1993 年夏天我从美国留学多年后第一次回到中国，就开始迈进第二阶段，“高级阶段”；我们留到下篇的最后部分讲这个神奇的凤凰涅槃式高级阶段的起点，作为我们这部分的压轴戏。

海外品酒。2003 年，韩国汉城大学（当时韩国首都称为汉城）的朴教授以韩国历史最悠久的酒盛情款待。

2003 年，参观汉城最古老的文化区。

第二十二讲
望文生义出“洋相”

我出国以后，喝酒的世界就变得更广阔了。我在中国的时候只知道很有限的几种洋酒，而且后来知道那些多半还是中国自己造的不地道的洋酒，比如说“俄得克”（伏特加），也即 Vodka；这种白酒，可以称之为外国的“二锅头”，度数很高，很厉害。全世界出的 Vodka 中，就数波兰以及俄罗斯的最正宗，是它们的国酒。Vodka 原来意思就是“水”（Water），从发音上可以分辨出来。我有一次问一位北欧的朋友，就是本书前面提到的挪威左翼学者——他们那儿也出产很精致的 Vodka——你们为什么把这么重要的国宝级烈性酒叫作“水”呢？我们中国人说酒非常糟糕的时候，才用“水酒”来扣帽子。挪威朋友一本正经地回答：“世界上还有比水更重要的液体吗？Vodka 对于我们大半年都十分寒冷的地区的人，尤其是俄罗斯人，就是生命之水！”一句话就开了我的窍。俄罗斯古典文学作品里，俄国士兵受了伤，战友们做的第一件事情，就是边给他包扎，边给他喝几口 Vodka，一条命就给救过来了。我过去到俄罗斯（苏联）开会做调研，只要带着几瓶老牌子红星二锅头，许多麻烦事都能化解。

我出国以后在喝酒上走的漫长道路，曲曲折折，当然跟收入水平很有关系。我在美国的第一站匹兹堡大学总共待了十个月，要从没牌子的啤酒和钢铁工人的特供啤酒往上走，也得找个适当的机会。这样非凡的机会很快降临了！

匹兹堡大学很体谅我们这些母语不是英语又不是学英语专业的外国留学生，专门开设了强化口语的训练课程。我进的是中等程度的班，在考试之前的两个星期，为了让我们放松一下不要神经紧张，班里就组织了一个专门的周末聚会。按照美国社会的规矩，去聚会总要带点小东西，在大学里最普通的就是两种，一种是非烈性的酒，一种是冰激凌。这个聚会是谁组织的呢？是教我们英语的美国研究生，两位年轻漂亮的女士，学教育学的，我现在还记得她们的芳名，一位是Betty，中等身材，脸上有几点隐隐约约的雀斑，厚道纯朴；另一位是Eliza，修长挺拔，气质更风雅。她们对我们这些来自非英语国家的老外学生——我们大多数是既“老”又“外”，比她俩年纪还大，口语外腔怪调——耐心尽职、真诚友善。

在这种场合下，我觉得不能带自己平时喝的那种最便宜的啤酒去，那太丢人了，不是咱们这号人能干得出来的事！一定要买高级一点的啤酒，那就去找吧！在酒铺子里我忽然看到，许许多多的啤酒旁边，有一种黑黑的啤酒，酒瓶上面写着: Root Beer; Root是“根”的意思，“根啤酒”，我马上就把它翻译成“最正宗的最古老的最有传统的啤酒”。“根”嘛，在文学和哲学里的意思就是“本原”“来源”“初始”，这还有什么疑问！我一下子买了六瓶一个Pack，雄赳赳气昂昂地去赴聚会。结果我一到场，她们就笑开了，说这不是啤酒，不是我们所讲的那种正常的、普通的啤酒。

这“根啤酒”是怎么回事呢？这让我第一次感到文化上的根本差异。“根啤酒”是一种替代性饮料，是特地为几类人酿造的，他们或她们有时想喝一点，这种饮料喝起来口感跟啤酒有点像，但绝对不含任何酒精，完全不是正常的啤酒。谁喝它呢？主要是开车的人，还有年纪很大的人，还有年龄不足十六岁的小孩和体质不能喝酒的人比如怀孕的妇女，他们不属于喝正常酒的人。我带这个“根啤酒”去赴周末聚会，当然闹了笑话。美国学生的周末聚会，是痛快地喝、痛快地吹牛、痛快地玩的场合。这样的场合你提着“根啤酒”去，就好像是上大山打猎，你提着杆玩具枪。还有比这更窝囊的吗？

很快我就知道了，“根啤酒”是植物的根榨出来的汁，有点气泡泡。美国人讲的根就是植物根，没什么文学哲学意味。

我在“根啤酒”上摔了一个跟头，不过这并没有阻挡我的进步意志。我爱酒至真，对学习酒付出的注意力很高，求知态度始终如一。随着我在美国的经济状况的改善，酒就喝得越来越讲究了。我常对自己说：“你在国内的时候，有人疼你。现在到了外国，没人疼你了，你得自己心疼自己。”语言上、学习上受洋罪，总不能在其他方面亏待了自己。在匹兹堡的后几个月里，那我就不得了了。喝酒的水平一个星期升级一个微档次：“微”是为了体验差别的细节不被冲淡。1985 年初夏我离开匹兹堡到波士顿去的时候，专门举行了一次啤酒瓶展览，与上海来的同屋伙伴小汤合办的。前面讲过，我刚到美国去的时候，对于啤酒瓶子上商标的五颜六色印象特别深刻，因为那时候我们全中国加起来也只有那么几种啤酒，标签也不讲什么个性风格。所以我在匹兹堡的时候，每喝一种不同的啤酒，都把啤酒瓶子留下来。我离开匹兹堡的时候，把这些啤酒瓶在桌子上堆成了一个巨大的金字塔，照了好几张照片，这些照片现在还在；我还把啤酒商标编辑成纪念册，可惜后来弄丢了。

那些展览过的啤酒瓶没办法随身带着，太重，又容易碎。我离开匹兹堡的时候，王小波刚花了八百美元买了一辆二十世纪七十年代初出产的大福特轿车，三排座，威风凛凛，跟国家元首的座车差不多大，就是看上去破旧一点儿。他说他一定要亲自驾车送我到长途客车站，我说不用了，我还是亲自打计程车去吧。他说：“你是怕我刚学车，技术不牢靠，出事故伤了你这个哈佛大学新生。不用担心，我这车一上路，别的车都会让道，谁撞我谁倒霉。”这话没夸张，他那大福特前头又长又尖又结实，像辆装甲车。不过，王小波拒绝把我的啤酒瓶也捎带上，说那会压垮他的老爷车轮胎，我的收藏品于是就全留下了。

我到了哈佛大学，到了波士顿就不一样了，那儿的酒的种类就更多了。

第二十三讲
在历史文物级别的酒窖里

大家知道，波士顿在美国和加拿大被称为“新世界的雅典”，是整个北美洲的文化核心地带。以波士顿市为圆心画一个圈，半径一百公里的范围内有几百所大大小小的高等院校——大的有学生两万人，小的有学生几百人，其中能够排上美国一流二流的高校至少有上百所；能够排上世界一流的著名高校有十几所。有文化人集中的地方，一定有美酒大显身手的舞台。作为世界美酒的一名虔诚学生，我的考察环境就不一样了，有机会体验到的酒的种类就更多了。

我们住在哈佛大学的研究生宿舍里，同一层楼来了一个英国人，是牛津大学法学院到哈佛大学法学院来交流一年的留学生，算是特别学生，来上哈佛的课，学分转回母校牛津，但不拿哈佛的文凭。他是一个地道的英国知识分子，又能喝酒又会喝酒又会侃酒。他的房间跟我的斜对着，我们早上不见晚上见。几次混下来，有点友谊了，他就带我们去一个地方。

在英美同学之间当裁判

这里要插一句，他是一个典型的英国名校学生，偏左翼，爱大政府，讨厌市场经济，对美国的一切都要挖苦一番，弄得同层楼的美国同学一开始的时候对他吃不消，受不了。不过我们很快就发现他心肠并不坏，就是爱发尖酸议论。同宿舍的美国同学很担心我被他洗脑，因为每次争论火爆时，他都要对我“统一战线”一番:“丁[①]，你是来自社会主义国家的，你肯定赞成我的观点，美国是一个金钱至上、势利透顶、物质主义崇拜走火入魔的国家！”美国同学则挖苦他，说他是受了苏联的冷战宣传蛊惑，把美国极少数坏蛋富豪的行事方式归到所有美国人的头上。我大

① 我的名字拼音 Xueliang 以 X 开头，绝大多数美国人和英国人拼不出来，我就建议他们称呼我的姓 ——Ding。

多数时候是充当裁判角色，双方各打几十大板，有的问题上打英国同学多几板，有的问题上打美国同学多几板。其实牛津来的这位特别学生内心里挺喜欢哈佛，只是表面上非要显耀他是更古老的名牌大学的高才生。他后来成为英国挺有名气的御用大律师，在伦敦一遇上当年在哈佛同宿舍的伙伴，就眼泪闪闪的，马上拉过去痛喝一顿，挺够义气。

去一个 House 的地下室

哈佛大学的研究生院跟本科生院是分开的，本科生院有个延续了很多世代的制度，叫 House System。在这里，House 的意思不是通常讲的房子，而是由围墙围起来的一组学生宿舍建筑所维系的种种生活方式和课外活动内容。这就涉及历史传统，包括世俗的和宗教的渊源。作为美国最古老的大学，哈佛延续了英国最古老大学的几项传统，其中就有直接来自牛津大学和剑桥大学的 College 架构；College 是组成大学的相对独立的、各有特点的学院；到了哈佛大学，就演变成稍稍不一样的 House。哈佛要求所有的本科生第一年必须住校，第二年以后绝大部分住校，除非学生有什么特别的理由，并且不住校要经过审批。而一年级的本科生必须住在哈佛校址中最古老的一小部分里面，即 Harvard Yard（哈佛园）。哈佛当年只有一个本科生 College，学生要么是学神学的，要么是学法学的，要么是学医学的，没有其他科目。本科生院规模很小，用砖墙围起来，那里面的房子是全哈佛最古老的，是三四百年的文物了，也是美国的国宝级建筑。哈佛大学校长的办公室就在那个小院子里。

在那个哈佛园里面住的大一新生，是要靠抽签中标“落户”的，因为每一栋房子的历史都不一样，而且有些房间是住过名人的，像住过肯尼迪总统兄弟、两位罗斯福总统、两位亚当斯总统，住过亨利·亚当斯和亨利·W. 朗费罗，住过 W. E. B. 杜波伊斯和莱昂纳德·伯恩斯坦，住过比尔·盖茨、马克·扎克伯格，等等，住进那样的房子就是不得了的一种经验。刚进校的一年级大学生们当然都愿意住这种房子。那怎么办呢？那就拈阄，你走运，拈上了，才能住进你想住的房子。没有后门可开，一点点后门都没有。

因为今天的哈佛学生群比三四百年前大多了，二、三、四年级的大学生就不可能都住在那个 Harvard Yard 里面，所以就有了围绕着这个 Yard 而建的一个又一个 House；统称 House System ，也就是一组建筑，学生宿舍、食堂、洗衣房、健身房，外加小型图书馆、阅览室、电视房、音乐间，统统都在那里面。哈佛本科生院为每一个 House 挑选出一个 Master（主人），这个主人必须是哈佛大学的名教授。年轻人到哈佛读书、上课，学习你的专业，这是哈佛的正规教育部分；但哈佛很强调，一个人在成长过程中，同样有价值的是在正规课程以外，所结交的跟你不是一个专业的同学们。

所以，每一个 House 的安排，跟学生的专业关系不大，这就相当于中国的“课外活动”的部分，按照不同的方式组织起来。House 的主人是名教授，如果这个教授是有太太的，他们是“共同主人”（Co-Masters）。哈佛的目的就是要让年纪不大的学生们在学校有家庭的感觉，这对教授夫妇相当于那一个 House 大家庭的父母双亲。每个 House 里面有上百名学生，课外便会组织各种各样的活动，包括辩论、体育、周末读书、艺术活动、宗教聚会、社会服务，还要请一些博士研究生来，协助“共同主人”夫妇做好组织协调。这些博士研究生本人的个人经历和学术专长，也能对本科生的才能发展和人生阅历起到指点启发的作用。作为交换，博士研究生住在那个 House 里面，不用交房租和伙食费，用服务时间换来这些免费待遇，挺值得，所以在竞争职位时还挺困难。

荣誉和信任是酒窖的钥匙

这十几个 House 各有悠久独特的历史，也非常有钱，大部分的钱是校友们或学生家长捐赠的，有几个 House 底层有很讲究的小酒窖，但对外不张扬。像我们哈佛研究生院的学生，即便你不是常住在 House 里的助理，如果你愿意每个学期到那个 House 来几次，帮助那些本科生开展有意思的活动，就能受到款待。尤其是外国来的研究生，很受美国本科生的欢迎，因为可以跟他们讲“外国的故事”。我曾经被邀请去两个 House 给本科生讲中国当代最重大的事件和转折点，讲中国公众对美国的了解和误解，讲过以后就受到正式晚宴的款待。每个 House 的伙食也各有特色，有的注重英美菜式，有的注重南美菜式，有的注重点心和咖啡，最受欢迎的是把亚洲的或意大利的菜式引进House的日常饮食单上。

那位英国牛津大学来的“特别学生”，很会侃，他就跟一个House里的学生团体搭上线了，参加了他们的俱乐部。他每个学期只用交几十美元，就可以在每星期的某一个晚上进入他们的酒窖，比如说每到星期二或星期四的晚上去。他们给这样的学生一把钥匙，打开门，能喝多少就喝多少，但不能把酒拿走。里面有几十种酒，各种各样的好酒。而且可以把自己的朋友带去喝，当然只能带三五个人。这是建立在信任和荣誉基础上的，要是被发现不自觉、不自尊，就会被收回钥匙，被“delete”（“删除”）出酒窖享受者的名单。

在西方古老的私立大学，也包括文理学院（Liberal Arts College）在内，就有这些形形色色的学生文化。自从那位英国牛津来的特别学生把我们几个外国留学生伙伴引进这种校园非正式文化以后，每个星期二晚上，我们就兴奋得不得了啦，因为你能喝多少就喝多少——当然不能带走。你想想看，一个学期只交几十美元，而那里面许多酒一瓶就值几十美元！我们经常是五六个人走着去，三四个人摇摇晃晃地回来，还有两个躺在酒窖里回不来了，有的在半路上眯睡过去了。那么这不是会影响到教学和学习的良好秩序吗？不错。对那两位躺在酒窖里回不来的同伴，第二天上课是成问题的。当然我们也不会老是这样，在哈佛读书，学生的学习压力是很大的。但哈佛校内有一点很好，像遇上学生醉酒之类的小过失，校警晚上巡逻的时候看到了，都会用车子把你免费护送回宿舍。哈佛处处想让学生在校有在“家”的感觉，校方对学生好，处处关心你关照你，学生毕业以后发达了，才会将大把大把的钱捐赠回馈母校。哈佛的大学基金会那将近500亿美元的资产，不是白白忽悠来的。

在大波士顿市能够找到的北美各地产的啤酒牌子多多，但几年之后回顾我的这些批判性的品尝经验——“批判性”是学术界的专业态度，阅读任何论文专著，都要以批判性的眼光质疑其结论，试图挑出毛病，以求改进，而不是怀抱盲从的心态——还是觉得美国酿造的啤酒由于绝大多数是大批量生产，特色不够鲜明，于是变得越来越不爱喝美国的大牌子啤酒，常把它们戏称作“industrial water”，就是“工业水”；当然这是后话了。但是，美国有一种啤酒，在欧洲的声誉还挺不错，是在波士顿生产的，叫 Samuel Adams，在欧洲颇受欢迎，这跟它早先的一次失误很有关系。那次啤酒从美国运到德国卖，到达销售地点以后，因为船运、气候等因素影响，耽搁了一些日子，但啤酒并没有坏。当然，这类啤酒是越新鲜越好喝了。这种情况如果在我们国内的话，啤酒耽搁个一年半载也可能没有什么，因为啤酒并没有坏，只是耽搁了、口感不够好了而已。但那个时代，Samuel Adams 的老板不同，他从美国飞到德国，把报纸、电视台等媒体的记者们请去，说："我来向你们道歉，啤酒晚来了几个星期。我们知道有些欧洲人，尤其是德国人，对喝啤酒非常讲究，我要让你们看看我们是怎么处理这批啤酒的。"他搞来几个大木盆，把那么多啤酒全部倒到木盆里，喊一些小孩跳进去洗"啤酒大澡"。他自己也跳进去，穿着西装洗。就是说，他宁可把还完全可以喝的啤酒全部浪费掉，也不把晚到几个星期的啤酒卖给大家。德国人一看这个美国啤酒厂真是严格，讲究品牌信誉，对其颇为认可，于是它一下子就把形象打出去了。由于这个厂对于啤酒的品质控制一直像欧洲的酒商那么讲究，就在欧洲——全球啤酒强手最集中的战场——站稳了脚跟。其实，直到二十世纪九十年代初，很少有美国啤酒在欧洲市场能卖得出去的。美国啤酒的大翻身，是后来的发展，也就是有些啤酒发烧友以手工酿造的极小批量的手工啤酒（craft beers），各具特色，产量极小，所以又被业内称作“Great Small Beers”—— Great 是指它们的不凡品质，连瓶子外的商标都透着一股艺术气。

美国有很多州的法律规定，喝酒必须在十八周岁以上，有的州规定更严，二十周岁才到喝酒的门槛。1989 年年底到 1993 年春天，我住在波士顿最有名的一家老牌酒铺附近，常去那儿成箱成箱地买世界各地的特色啤酒、威士忌、白兰地、清酒、葡萄酒、甜点酒、咖啡酒。有一次，那个店新来的年轻女售货员不认识我，非得让我掏身份证（学生证或者驾驶执照）。我问干吗，她一本正经地回答：“我要看看你是不是已经够上法定的喝酒年龄十八周岁了。”我听了，真想立即送她一束鲜花！

第二十四讲
在新兴的葡萄酒大国历练

真正讲起来，我喝酒喝得痛快透顶的时候，一个是我在澳大利亚生活的那几年，一个是我到欧洲“专项喝酒”的那几段时间。那喝得真是有品有味，又有文化又过瘾，不是猛喝傻喝。当然这里面很重要的一个原因是，我到澳大利亚和欧洲去的年头，经济条件跟我在美国的那些年不一样了。我在美国的时候，前几年只是博士研究生，在最后一年才工作。当学生的时候，有很多好酒连看都不敢多看几眼，更不要说天天喝了。像葡萄酒就相对较贵，在许多西方社会特别是新世界国家里，葡萄酒过去一直是上流社会的奢侈品，到了二十世纪后期这十几年，才渐渐在中产阶级的中下层群体里普及起来。劳工阶层就一直跟葡萄酒亲近不起来，基本上就喝一般牌子的啤酒。等我工作升级了，收入提高了，我喝酒的品位就有意无意地改变了，越来越朝喝葡萄酒的方向发展。

许多人都晓得，西方酿造的葡萄酒分两个世界，一个是所谓 The Old World，指欧洲旧大陆；一个是所谓 The New World，指澳大利亚、新西兰和北美、南美、南非等地。在“新世界”中，澳大利亚是过去二三十年里造酒造得最成功的国家，美国可以算是第二成功的国家。澳大利亚的气候和土质，特别适合种植几种类型的葡萄，比如设拉子（Shiraz），是其中最知名的，这几种葡萄在“旧世界”的水土条件下酿造出的酒不好喝。新西兰的水土条件更适合酿造白葡萄酒，美国酿造的霞多丽（Chardonnay）和几种红酒都非常好。

酿酒业的“独奏大师”

我去澳大利亚之前，对那里的葡萄酒有点不知道深浅。一提起葡萄酒，首先想到的就是法国、意大利、西班牙；我想大部分人都是这样的认识水平。到了澳大利亚以后我才恍然大悟，这个葡萄酒世界在过去几十年里，已经今非昔比了！当然，泛泛地讲起来，法国葡萄酒的产量在世界上仍然是数一数二的，经常跟它争第一名的是意大利。在极有名气的葡萄酒中，法国出产的也是最多。但是，到 2004 年为止，全世界最昂贵的一款红葡萄酒，却不是法国产的，而是澳大利亚的一个稀有品牌。这里面有一个不大为人所知的传奇，至少在中国正在赶葡萄酒快班车的许多人还不晓得。

话说当年澳大利亚有一位技术绝顶的酿酒大师，名字叫麦克斯·舒伯特（Max Schubert），不知道与那位英年早逝的奥地利大音乐家舒伯特（Franz Schubert，1797 年出生，1828 年逝世）是不是亲戚。这位酿酒家有点恃才倨傲，有点狂，不信邪。他想在澳大利亚的特殊气候和水土条件下，走出一条跟旧世界不同的酿酒新路子。他特别看中的就是 Shiraz—— 我们中文翻译成“设拉子”—— 葡萄，这种葡萄在欧洲是相对低档的产品，很难被知名酿酒师看中。我后来才知道，这个品种的葡萄从野生到人工种植，据说是发生在今天的伊朗的边境地带。历史上的波斯帝国曾经有过很优质的设拉子葡萄酒，可惜二十世纪七十年代末的禁酒律法使得这个传统被中断了。但是舒老兄固执地认为，澳大利亚干燥炎热、阳光充足、土壤富含矿物质的生态里产出的设拉子葡萄是世界上的顶级原料。1951 年，他遇上了几十年才能遇上一次的好年成，因为葡萄的品质不是每年一样的，通常是每五年左右一小轮，十年左右一中轮。他 1951 年遇上的，肯定是半个世纪才转过来的一大轮，几十年风水轮流转，才轮到一次的奇好年成。然而舒老兄酿出的第一批设拉子红酒却被评酒师们贬得一钱不值，不过这批酒只有千余瓶。舒伯特工作的葡萄园庄主不同意他继续这么干了，他就秘密地用设拉子葡萄酿造出好几批酒，都是极小批量。舒伯特也没有出去张扬，而是偷偷地把第一批酒的一部分送给亲朋好友，其余的自己悄悄品尝。因为他觉得这批酒是他的“私生子”，凝聚了真情却不被正统葡萄酒世界认可，他至多就是偷偷地跟亲朋好友们在一起品尝，没让那些酒走上卖场和餐厅。

又过了好多年，世界上残存不多的几瓶 1951 年酿造的“私生子”，偶然间被另一些评酒专家碰上了。一开瓶，人们才知道这是旷世之作！而那个时候舒伯特已经半退休了，而且也没办法让他重复酿造 1951 年的那批酒了，因为一年跟一年的葡萄不一样嘛！到了那批酒已经将近年过半百的 1995 年，这种酒在美国的权威葡萄酒专业杂志上被评为该年度全世界能够品尝到的最好的红葡萄酒第一名。这一年拍卖行卖出的这种酒破了世界纪录，每瓶 20460 澳元（按照当年的兑换率，大概相当于 15500 美元）。不过，全世界这批酒只剩下两箱了，也就是二十四瓶。到了 1998 年 11 月底，在澳大利亚金融中心墨尔本市的拍卖会上，这种酒第二次破世界纪录，每瓶拍出 24500 澳元（这一年的兑换率对澳币很不利，换成美元相当于 15800 美元）。到了 2000 年 10 月中旬，拍卖行第三次见证这种酒破世界纪录，每瓶 23100 美元。从 1995 年到 2000 年的五年里，它的身价猛涨了将近百分之五十！

这种酒名字叫 Penfolds Grange Hermitage，所以应该这么说：虽然世界上有名的葡萄酒中，以法国出产的最多，但是，世界上最贵的葡萄酒却曾是澳大利亚出产的。还有，如果你锁定价钱，比如说在每瓶 25 ~ 55 美元的水平上，世界上最好的红葡萄酒中也大多数是澳大利亚出产的。澳大利亚现在是世界上最大的葡萄酒出口国之一，在“新世界”，法国、意大利和西班牙长期占据老大位置。澳大利亚现在有些酿酒大师的技艺，已经达到全世界同行里的绝活水平。法国经常以重金聘请他们中的几位，到法国著名酒庄做技术顾问。但是，他们又不能一直待在法国，因为澳大利亚才是他们打天下的基地。他们被旧世界和新世界两边的事业牵挂着，经常飞来飞去，所以在世界酿酒业中博得了“Flying Masters”的称号，意思就是“飞来飞去的大师”。

在澳大利亚，我居住在澳大利亚国立大学所在地堪培拉市中心，堪培拉的天气凉凉的，全年干干的，绝大部分品种的葡萄不适合在那个区域里种植，算不上葡萄酒产区。不过，当地也出产少数几种产量很低、风格独特的葡萄酒，是“半寒冷型”酒。再加上葡萄酒已经成为澳大利亚的支柱产业之一，所以他们的联邦政府和州政府在这方面愿意投入很多的钱做科研。堪培拉是这种全国性葡萄酒科研中心之一，专家不少。我到堪培拉上班以后，留心阅读《人民日报海外版》上有关澳大利亚酒业兴旺、向亚洲出口葡萄酒前景辉煌的资讯，因为我觉得中国饮者真应该及时学习葡萄酒文明。该报的副刊上有一篇文章，是家住悉尼市郊的华侨写的，说尽管1995—1997年澳大利亚的经济状况不怎么景气，许多家庭不得不在出国旅游、买新房、买新车上猛打折扣，却拒绝压缩饮酒的预算，平均起来全国每年每人的买酒额度是540澳元，大约相当于3500元人民币；每人每年喝进肚子里的从商店里购买来的各种酒约为130升，还不算许多人家在后院自酿的啤酒和朗姆酒之类。得天时、地利、人和，所以澳大利亚的酿酒业拥有的支持是无比的雄厚强劲，二十世纪九十年代后期每年产酒量增长率高达35%；1997年的酒类产品出口额将近八亿澳元，1998年十亿澳元，1999年十二亿澳元！

在我们中国，越来越多的人尤其是一些女士，已经知道喝加拿大产的“冰葡萄酒”（Ice wine）。加拿大气候比较冷干，出产的冰葡萄酒很贵，跟普通葡萄酒颇不一样。普通葡萄就等成熟的时候摘下来，然后用来酿酒。但是，加拿大的冰葡萄酒，是到了应该收摘的时候，人们不去摘它，而是让它在葡萄园里的树上等着，等到霜降厉害的时候，把它冻一冻，再让它的水分在冷干气候里挥发掉一大部分，然后再用它来酿制冰葡萄酒。在绝大多数的葡萄产地，酿酒专家就不这么做，因为这么做的话，会把葡萄搞坏的。而且这么一冷冻一风干，葡萄的出酒量也会大大减少。我猜想加拿大人造冰葡萄酒也是歪打正着、“无心插柳柳成荫”，就像当年因为犯错才发现了青霉素一样。大概是到了某个应该收摘葡萄的时刻没有来得及收摘，或者某一年的霜降来得太早，一下子就把没有来得及收摘的葡萄严重打击了。这些葡萄一经霜冻就变得很干，酿造出的葡萄酒有了特殊的风味。卖得很贵，是因为产量很低，成本很高，正宗的冰葡萄酒大概是二三十美元一小瓶，都是用很细的瓶子装的，比花露水瓶大一码。中国市场上还有许多售卖品是专门来蒙不懂门道的顾客的，比如在非冰冻过的葡萄酿造的普通酒里边加蜂蜜，然后大胆卖高价。

我到了澳大利亚以后才发现，这里有一种更稀罕的葡萄酒，它不再是气温下降促成的“冰葡萄酒”，而是“病葡萄酒”。这是怎么回事呢？当地人告诉我，就是葡萄发生了特种病虫害，尤其是特殊病害。在这以前，生了病的葡萄树都砍掉了，估计后来也是一个偶然的机会，人们发现生了某些种类疾病的葡萄有一种怪怪的味道，用它来酿造的葡萄酒有特殊的风味。这个道理就跟我们吃水果一样，如果水果被虫子咬了一个洞，种树的果农会说，这个果子顶好吃，因为只有最好的果子虫子才会去咬它；小孩子尝过以后，一下子就会相信这真有道理。这种生过病的葡萄酿出来的葡萄酒，风味非常稀罕。要知道，人们不能预测哪儿会出现感染某种病菌的葡萄，而且每年的葡萄得的“病”都不一样，味道也会不一样，一“病”一味嘛！所以，这种葡萄酒可以说是“鬼斧神工”，简直不是人间的东西，所谓“天造地设”大概也就是这样子的了。但是，这种被菌类感染的葡萄酿造的酒就因而变得非常非常昂贵了，因为这种葡萄不可计划，人们不知道怎么去仿造。我在澳大利亚的第二年就喝到了这种葡萄酒，当然这种酒不可以经常喝，我也只是偶尔品尝一小杯，杯子很小，就像眼科医生用的眼药水杯那么大。

这样的研讨会没白白参加

我在澳大利亚的那三年多时光，最愉快的是星期五下午的“花园研讨会”（Garden Seminar）。所谓“花园研讨会”实际上就是我们这些研究院的同事们——我们不教本科生课，也不坐班——和一些研究生聚到一起好好地喝酒，好好地聊天。澳大利亚的天气温和舒服，没有严寒的天气，一年中绝大多数时候都是比较干燥的，阳光灿烂，

星期五下午愉快的“花园研讨会”

所以我们在澳大利亚唯一的国立大学的大花园里喝酒，天时、地利、人和，这样喝酒就有意思了，能喝出好的研究想法和合作项目。上面提到，堪培拉市有全世界排得上名次的葡萄酒研究所。有些研究人员也是自己对酒入了迷，差不多把自己的储蓄都投资到葡萄酒产业里面去了。有的人还因此发了财，因为世界上喝葡萄酒的人越来越多，市场越来越大，每年有几百亿美元的利润。

我们一起去“花园研讨会”喝酒的时候，你带一瓶葡萄酒，放在纸袋里，他带一瓶葡萄酒，也放在纸袋里，看不见瓶子。酒倒在杯子里以后，我们就开始盲“品”，但盲品不是盲目地品，要大概说出个所以然：这个酒是什么样的葡萄造出来的？酒造出来有几年了？大概是澳大利亚或新西兰的哪一个地区生产的？价格有几何？这些很重要的指标你要是能一一报出，就说明你的鉴赏水平很高了。一开始你作为一个出身于非葡萄酒老产地的人根本就没门儿，因为葡萄酒跟中国的烈性白酒不一样。仅仅澳大利亚一个国家的葡萄酒，就有好几千种。在法国，有些人喝葡萄酒喝得“成精”了，比如说同样一块葡萄园，只要是中间有一条田埂分成两边的园子，两边的灌溉和阳光照射的情况有点区别，酿出的葡萄酒的味道就有点细微的不同。能喝到这个程度，那就不得了了，是“酒精怪”！所以早年法国的有些贵族，喝葡萄酒喝得家破人亡，那实在是太讲究了。现在法国有些很著名的艺术家、电影演员，发了大财以后投资什么呢？买葡萄园。因为葡萄酒不仅仅是消费品，而是像文物一样，稀有不可多得，越存放越有价值，他们等着赚大钱呐。

我的鉴赏水平当然达不到“酒精怪”的地步，还有百步之遥。我在堪培拉的时候，差不多每个周五都会全方位参与“花园研讨会”。初到澳大利亚的1995年年底，我才刚刚开始日常地喝葡萄酒，还属于“国外初级阶段”呢！那时候我兜里虽然有了点小钱，但对葡萄酒的了解还很“青嫩”，经验不圆满。好在我肯学习，每天都品尝酒，尽量找机会跟懂行的知识人在一起喝，差不多每次都喝不一样的酒。当然这也给我造成很多钱财上的小损失，因为大部分人一般都只喝最对他胃口的那几种酒，这样价格和品位都比较合适。而我喝葡萄酒不仅仅是为了“物质文明”，更是为了“精神文明”的提升，所以为了学习，我每天都争取喝不同的酒，像做学术研究一样好奇、好问、好走奇径、好试错、好做自我批评。结果呢，虽然我损失了很多次小钱，交了很高的学费，但是也学到了很多的知识，酒本身的知识（wine in itself）和酒周围的知识（wine-relevant things）。我计划在不久的将来，把澳大利亚的酒源（这片大陆如何发展出自己的葡萄园和酒庄）、酒艺（酿酒的技艺）、酒风（饮酒的风尚）、酒配（最配合澳大利亚葡萄酒的土产土菜）、酒商（满怀信心把新世界酒推向旧世界的成功商业体系）、酒学（中等技术专业学校和高等院校以及研究机构关于酒的研究和传授教育项目），等等，写成一本小册子。这本有可能赚大钱的书文前的献辞都初步拟定了："谨以本书纪念1995年年底至1998年年底，笔者在堪培拉市生活的那三年。每次重看那期间拍摄的照片和卡式录像带，都被勾起亲切温暖的情思。时常念及在那儿结识交往的多国学者们，尤其是澳大利亚国立大学亚太研究院的同仁。他们的名字曾经出现在笔者其他的书和文章中，也多次出现在本书中。他们的形象，永远留存在笔者的心底，越久陈越香醇。"

何不当个“葡萄酒大使”?

要想知道我是如何认真学习的，给你提供一个事例吧！我到澳大利亚的第二年年初，就开始有计划、有目的、有系统、有预见地买葡萄酒存放起来。我估算了一下，我在澳大利亚还至少要待两年，平均每天自己喝一瓶，过年过节多加一瓶，来了朋友再多开两瓶，我就应该在家里存放一千瓶左右的葡萄酒。澳大利亚的葡萄酒业可以称得上是家大业大，七百多万平方千米的广阔大地上，重点葡萄园区域就有七八处。历年来出产的比较受好评的酒，林林总总的少说也有几万种。自己掏钱选一千瓶能够“管中窥豹”的有点代表性的“酒群体”，可不是那么轻而易举！我每到一间酒铺，都会毕恭毕敬，向有一把年纪的葡萄酒商请教：在十澳元左右一瓶的红葡萄酒里，哪些是首选？十五澳元左右的呢？二十澳元左右的呢？一直到五十澳元左右一瓶的。再往上去就比较容易挑选了，因为越昂贵的，得过的奖项越多，名气越大，品种也不那么多。最便宜的也不难，是垫底水平的；不过要是拿到国内的葡萄酒市场上一忽悠，价钱得翻几番。最难的是价格中档的，就是二三十澳元一瓶的。这一千瓶左右的葡萄酒，就是我的“家庭作业”。每喝一瓶之前，我都要想想它的风格和年龄，是不是与这一天的气候和菜相配；喝过以后，也要反思一下：它的价格是不是合适？在这样的价格档次上，它的品质算是偏高还是偏低？除了那些久经考验的配酒的西洋食品，哪几种中国菜会跟它相配？为什么？喝了吃了，不动脑筋，是白吃白喝，也就是“白痴”吃喝。

我说我喝葡萄酒不只是在搞“物质文明”，也是在搞“精神文明”，没瞎说吧？

我在澳大利亚国立大学亚太研究院的一位厚道的同事，美国人，研究国际关系的，名叫Peter，也是个地道的左翼知识分子。他几次感叹地对我说：“丁，你做社会科学研究，真是白白浪费了你的才干！你要是给澳大利亚的葡萄酒大公司做代表，到亚洲去介绍西方各地尤其是新世界的葡萄酒文化，那才是好钢用在刀刃上。你中文好，又能用英语侃酒，把葡萄酒的方方面面，放进文化传统中演绎铺陈。你的这些经验都是亲口尝试摸索出来的，不是照抄书本。你又好吃，知道中国菜和西方酒怎么匹配。你就辞掉研究工作吧，过过‘葡萄酒大使’的潇洒日子！”

Peter 老兄的话，又诚恳又实在又煽情，真叫我动过几次凡心。

等到我在澳大利亚工作的第三年开头，每个星期五下午的“花园研讨会”选酒的任务，洋人同事们就推荐我去做了，他们对我非常信赖，知道我会费心尽力、精益求精、一丝不苟。当然，我也很自豪，作为一个中国人，我对于啤酒、烈性酒、葡萄酒等洋酒的了解，能在短短几年的学习后达到洋人认可的那个水平，我确实感到很骄傲，苍天不负有心人呐！“选酒”是什么意思呢？首先，“花园研讨会”上每个人喝酒都是自己掏钱，再加上其中有一部分酒友是没有工资、只拿生活费的研究生，所以选的酒不能太昂贵；在价钱适当的情况下，要挑出最适合各地的酒友们口味的酒。因为世界各地的气候和饮食传统不一样，来自各地的酒友的口味也就不同。像日本来的研究生就不太愿意喝红葡萄酒，而喜欢喝白葡萄酒，因为日本人的口味很淡，在家喝惯了清酒和淡口啤酒。白葡萄酒中也有偏腻的，他们也不太中意。而从欧洲来的一些同事和研究生们，对酒味厚实沉雄的红葡萄酒，也稍感承受不住（他们旧世界的葡萄酒口味略略酸涩一点）；就像有的人喝不动浓茶，或太过陈年的普洱茶。这个时候你选的酒，通常是还没有经过各种各样的“葡萄酒评奖委员会”评过奖的，它们的价格往往就不是很高。一旦经过很著名的“葡萄酒评奖委员会”评过奖以后，得了奖了，市场上马上就知道这种酒是好推销、易出口的，价钱就会抬得很高。买那些还没有经过评奖的葡萄酒，就有点像在地摊上挑古董的味道，端看你的眼力如何，运气如何。

澳大利亚国立大学有个 University House，是国立大学举行正式宴会的招待所，地下室有一个规模小但非常好的酒窖，里面至少有 400 种葡萄酒。招待所的经理的名字，我记得叫 Kevin，是澳大利亚颇有名气的酒商之一。他会用很专业的眼光进酒，知道哪些酒价钱合适，哪些酒今年处于最佳状态。他挑进来后，外面市场上有时会涨价，因为他会挑一些产量很有限的有个性的非主流葡萄酒。他来主持这个酒窖以后，为我们提供了一个非常好的品酒的基础。

在澳大利亚生活的三年多时间，我几乎每天都开一瓶葡萄酒，有时会开两瓶，真是过的好日子！而且澳大利亚的食品和好的红葡萄酒很相配：像羊肉、牛肉、干奶酪，等等，完全是绿色生态的东西，水果蔬菜也都是纯天然的，非常好吃。喝澳大利亚的葡萄酒，如果再配上他们农场里人工养殖的小鹿肉、经政府批准可以适量猎杀的袋鼠肉和小鸵鸟肉，熏一熏或者风干，真正是不太耗钱、文雅享受的绿色福气！1999 年，临离开澳大利亚返回中国香港之前，我选了一些酒。酒不好带，因为香港的气候不好，又潮湿又热，存放酒不合适。我当时精心选出来的两箱（每箱十二瓶），都是由著名酿酒师签过名的中上等好酒，放在澳大利亚首都郊区我的一个好朋友家里。我为什么放心交给他呢？第一，他是我的好朋友；第二，他不懂酒不爱喝酒；第三，他做事特别认真。这三个条件缺少任何一个，我都不敢把这两箱酒交给他。因为酒没了就没了。他不是我的好朋友我不放心交给他，他是我的好朋友但如果是爱喝酒的，我也不放心交给他；即使是不爱喝酒的好朋友，做事马马虎虎的也不行。一开始，我想这些酒总要在他那里存放个十年八年，最好是存到十二年以上，才开瓶品尝。这两箱酒有十多种，其中四五种在我买过后评上了大奖，价钱已经翻了两三番了。有的酒我买的时候才四五十美元一瓶，现在已经涨到二三百美元了。不过我不会去卖的，我要把它们当作艺术品，只让自己欣赏评判。

我的那位朋友知道这两箱酒是我心系澳大利亚之物，就把它们放在地窖里。他想为我这两箱酒专门买个保险，说失火怎么办？被偷了怎么办？打碎了怎么办？我让他不要买，因为他给自己的房子都没有买保险，就不要为我的酒买保险了。作为朋友，有这份心意就行了。2004 年春节前夕我给他打电话，他头一句话就说：你那些酒还在那儿，好好的，不要担心。我说：你要不时地去看看啊，就像照看宠物一般，有什么情况赶快告诉我。

以新世界回报旧世界

我在《我读天下无字书》的第一章里讲述了我在北京第一次受马若德教授开导，初知西方葡萄酒的某些讲究。在哈佛大学读书期间，虽然有更多机会受教于马若德以及其他西学长辈，对葡萄酒的知识和体会进步不小；但是，作为一个领奖学金的博士研究生，还是缺乏充足财力在葡萄酒的大道上大踏步迈进。等到在澳大利亚历练几年以后，我又重返香港的大学工作，就具备了较为充实的葡萄酒资

“马若德教授是引我进哈佛大学绛红大门的人，也是第一位教我怎样品尝西方葡萄酒的人。”

历和财力，适当回馈曾经引导我进“双门”——葡萄酒大门和哈佛大学绛红大门——的恩师。

马若德的祖国虽然不是葡萄酒产地国，但他是把欧洲旧大陆尤其是法国中上等葡萄酒推向世界的一大功臣，也许是头号功臣。英国乘工业革命之顺风，把国际贸易的中心从荷兰和意大利等国抢夺过来，伦敦和曼彻斯特等港口城市成为全球商品和金融大周转的枢纽。长袖善舞的英国贸易商家看到一条狭窄海峡对面的法兰西，盛产丰富多样、品质优异的葡萄酒，但绝大部分在本土自我消费了。英国人就大力推动法国酿酒庄园把自家的高档产品拨出一部分来，由伦敦的高明商户经手，推销到有钱、爱酒的各处上流社会去。在此过程中，相应地建立起具有地方特色的、优质葡萄酒的识别和监督规范，也就是行业产销体制，以确保好酒的葡萄原料种类、出产地点、酿酒年份、成酒档次和装酒入瓶一应环节尽可能标准化和有案可查，尽量不留漏洞让奸商使手段诈骗客户。这样的法规监管之下运作的优质葡萄酒产业，三方——酿酒的、卖酒的、买酒喝酒的——都能得到好处。

英国受过高等教育的人不论职业如何、不论性别如何、不论年龄如何，对葡萄酒的鉴别能力普遍比较高，善于饮酒的人也很多。马若德教授出身上流社会，自不例外。他的口袋里常放着一个袖珍手册，里面列有本年度葡萄酒中，哪些世界知名酒庄的哪一年酿制品已经到达最佳状态，价值几何；哪些酒目前买进来存放若干年最有潜力，包括酒的质地成熟的潜力和再出售的增值潜力；哪些酒庄的尚未上市的新酒值得你买期货（俗称买“酒花”，类似于买“楼花”）；某一款极为独特的佳酿的最佳搭配菜肴是什么；等等。马若德是一个童心未泯的开心长者，每次我们在香港聚会、我拿出一到两瓶陈年红葡萄酒，他都像个大小伙子一样兴致勃勃:“小丁，等一等，让我查看一下我的手册！”于是他掏出那本小册子，仔仔细细对照一番，然后才和我碰杯对饮。他从 1983 年夏天在北京和我初会时，就照我国内的恩师那么称呼我“小丁”，直到他生命的尽头。

马若德饮葡萄酒基本上局限于欧洲旧大陆的老牌产品，尽管他从二十世纪八十年代初期以后绝大部分时间都住在新兴葡萄酒大国美利坚。我完全理解他那从早年就养成的品味习惯，但还是觉得应该向他推广经我本人独立鉴赏过的富有特色的新世界佳酿，首要的当然是澳大利亚的红葡萄酒，其次是新西兰的白葡萄酒。前者芸芸众款之中，尤以设拉子葡萄酿制的、存放八年到十二年的几款，其内涵体现出稳健、坚实、匀和、凝练、丰沛、豪放的个性，就是前面提到的舒伯特大师执着创作的那种风格的红酒之亲属后裔。这种个性的佳酿配以香港美食中的“老三件”——脆皮烧鹅、烤乳猪、烧腩，堪称天衣无缝。不过马若德教授自从二十世纪七十年代初期访问过中国以后，一直对那个时代在北京屈指可数的迎宾馆里享受到的两样东西情有独钟——陈年茅台酒和北京炭火烤鸭。所以他每次来香港，我都会事先筹划一番，让他至少有机会尝到其中的一样。他2005年访问亚洲后不久在波士顿做过一次心脏搭桥手术，因此我就不敢再与他对饮中国烈性白酒了。每次和他告别的时候，我都会告诉他，我为他存放的特选年份的设拉子红酒足够让我俩开怀对饮到二十一世纪的第三个十年。我最后一次和他在香港对饮这种红酒，是在他2015年应邀来两所大学做学术演讲期间。酒席上我问他，假如我们把全球中上等（不包括极品）的旧世界葡萄酒作为品赏对象——从2006年开始，我已经越来越喜爱欧洲小酒庄的老式佳酿了，因为它们又细腻又给你意想不到的惊喜——在确定的价格天花板下，哪些是首选？他立马答曰：西班牙的。

我异常开心地告诉他，我这几年的感受也是这样的！他故意装出裁判的面容道："我倾向于认为，在葡萄酒这个领域里，小丁，你已经可以毕业了，做博士后了。"

第二十五讲
老皇宫旁边欣赏到的四季芬芳

我常跟有机会聚餐同饮的伙伴们说，真情充沛的人喝酒，应该是又喝酒，又“喝”文化，不能只是朝口腹里灌有刺激性的液体。我们看到一些有钱人喝珍品法国葡萄酒，就像喝可口可乐一样，感到很痛心，诚如法国人所言：“你是在喝我们的眼泪呀！”

2002 年 6 月，我到欧洲去参加一个亚洲现代化课题的研究计划汇报会。欧洲最古老的大学之一海德堡大学——马克斯·韦伯学术活动的中心，黑格尔就在那里写出他的《精神现象学》——请我去做学术报告。这次去之前，我的一位毕业于剑桥大学的英国朋友在香港叮嘱我：你下周去欧洲，可千万别忘记到比利时去喝啤酒；那里的啤酒才是世界一绝！我向她保证：“9·11”事件后，乘飞机去那么远的地方，还冒着小小的被恐袭的风险，当然不会漏过去比利时王国喝奇特风味啤酒的机会。到达比利时之前，我在德国已经喝过一大圈啤酒了。在海德堡——一个堪称全球最美丽的古老的大学城——的两家啤酒花园（Beer Gardens）里喝啤酒，挺有诗意的。酿酒坊拿出完全是自己现酿的啤酒，就在大花园里面跟你喝，还有音乐相伴。喝着喝着，你可以信步走过去，看他们的酿酒操作，啤酒在大罐里流动过来，对顾客们喷发出大麦香。我还专门跑到德国诗人海涅的故乡杜塞尔多夫城去喝啤酒，这是一个很小的城市——就相当于中国的县级市——竟然有十几家小店在酿造啤酒，而且已经好几代人了。德国的啤酒分工非常精细，一个小城市有十几家，而且每一家都自己开着餐馆，他家的饭菜配他家的啤酒最好吃。我是一家一家地喝过去的，喝着喝着，都忘了自己在什么地方了，随便找个小旅店就颠簸进去沉入梦乡。

德国的啤酒是好，但还没有好到极致，我还是要到比利时去喝啤酒——抱歉，真不应该用这么个通俗到底的名称。啤酒只是大众化一刀切的产品标签，严格说来要称老式的高级的那些产品为“麦酒”；绝大多数是大麦酿制的，少数是小麦造的。

那一天，我在布鲁塞尔老城区漫步，已经是下午时分，我也已经喝过好几家了，所有的啤酒当然都很好。但我在漫步街头之际，总有一种感觉，总觉得我似乎还应该有一些更加奇特的喝酒的遭遇或者不凡的喝酒的经验，因为第二天我就要坐火车到阿姆斯特丹，再从那儿坐飞机回香港了。就在那天下午，我在布鲁塞尔老皇宫一带转来转去。那里正在开一个巨大的露天音乐会，我跑过去看了看，转了一圈。那近旁就有好多老式酒家，我也喝过几家了。我转呀转，在一个很狭窄的小巷子里头，忽然眼睛一亮！——不知怎的，我眼睛虽不是老鹰那个水平，还戴着中度近视眼镜，但在这一点上反应特别敏感——我看到一个小的门面，不宽，包括玻璃展示窗在内，也不过三四米宽的样子。就在落地玻璃窗里面，放着许多空的啤酒瓶。哇！没有一个我认识！这不得了！我自觉对啤酒已经是相当见多识广了，可那里竟然没有一个啤酒瓶是我以前见过的！哎呀，我真是来对了地方。

小鉴赏屋里的深不可测

门是半掩着的。这年是欧洲几十年来最热的一个夏天，正值酷暑六月。我斜着身子从门里探身进去，一进来就知道自己找对了地方。房子的门面虽然很小，但进深很深，整个左边的墙壁上面，就像大书架一样，前三排置放的全是各种各样的啤酒杯，每个杯子都不一样！后几排置放着啤酒。抬眼一看后面墙上的小牌子，上面写着“Beer Tasting Group”（啤酒鉴赏小组），这是一帮把鉴赏啤酒当作鉴赏绘画和音乐一样的人聚集的所在。我看到有个男人在长长的大木桌后面站着，大概四十岁开外，白种人，似乎是比利时人——真正的比利时人讲英语讲得不带口音的不多——但这个人一开口我就正了眼，他讲一口很地道很经典的伦敦英语！我知道此人很有教养。我开口说，您一看就知道，我来自亚洲；我是一个中国人，在大学里教书的。我这次到贵国来，倒不是奔着大学来的，说实话，只有一个目的，就是想品赏世界上最好的啤酒。我一看见这里，就知道自己来对了地方；今天，在此之前，我已经喝过好几家了，所以我说我对酒懂点门道——按照我们自己的标准来讲，可以说是很了解——我意思是说，您不要把我当作门外汉，只向我介绍啤酒的ABC。

我说，凭着您开设这样一个“啤酒鉴赏小组”酒店老板的资格，能不能从您后面库存的啤酒中选出十瓶，在您看来是最好和最奇特（我用英文unique这个词）的啤酒——我不是指价钱而是说啤酒本身的品质、风格——代表不同区域、不同风格的比利时啤酒，请您向我推荐十瓶。他一听，似乎也觉得来者不是一个“凡角”。他说，这样好了，你能不能把门关小一点——意思是说他这个生意都可以暂时不认真去做，也要全心全意接待我。说完他就进去里间了。我就在啤酒库房门口站着，往内里一望，哎呀，琳琅满目，整个墙壁上都是各种稀奇古怪瓶装的啤酒！绝大部分的啤酒牌子我都没有见过。大约半个钟头后，他拿出来十瓶啤酒，各种各样的颜色，放到桌子上。他说，在我看来，这十瓶啤酒最能够代表比利时各地区各种各样的风格，是个小小的啤酒“百科大全”。我一看，哇，真是眼界顿开！——此时我已经知道他的名字了——我说，Pierre，如果今天我是上午来的话，我就能在你这个地方待一整天，您这十瓶啤酒对我来说不在话下，我都会喝光，肚子尚有余地；但现在已经是下午三点多钟了，我已经喝过好几家了，而且我明天一大早就要启程上路。假如您再从这十瓶中间挑出五瓶让我鉴赏的话，那可就太好了。他说，这就难了，选出这十瓶本来就不容易，已经是千里拣万里挑的了，你还要从这十瓶中间再选出五瓶来。他抓耳挠腮，反复踌躇，过了约莫十分钟，他挑出五瓶，放在我面前，说：这五瓶可不能再筛选了，再选我就选不出来了，你也就尝不到比利时几种风格最有代表性的啤酒了。其中的四瓶来自我们国家的四个地方，是在四个不同季节里酿造的麦酒，还有一瓶是去年年终的特酿之作，所谓的 the annual special。

一般来说，在中国，甚至德国、捷克这些国家，喝啤酒的人口数量相当多了，可即使在这些地方，在很像样的酒吧喝啤酒的时候，一般就是一种啤酒杯子 —— 至多两三种啤酒杯子。但在这个“啤酒鉴赏小组”的小酒店里，杯子的体形、大小、厚薄，有好几十种！我马上就敏感地悟出：这些啤酒杯子蕴藏的信息不一般。因为在所有的洋酒中间，我最熟悉的是葡萄酒，其次是两大类烈性酒，一种是威士忌系列，一种是白兰地系列。喝葡萄酒的时候，杯子的形状、大小、厚薄是非常讲究的，因为喝葡萄酒要有好几个过程。在喝之前，第一个过程是“看”，通过杯壁照光，观赏酒的成色。第二个过程就是“闻”，通过鼻子先来享受葡萄酒本身特有的气味（我现在办公室里就有一套德国名牌的葡萄酒水晶杯，很贵的，都是要从专门店订购的）。以前，我只知道喝葡萄酒在杯子上是这么讲究。但“啤酒鉴赏小组”酒吧的店主与众不同，他把啤酒挑好之后，细心地给我找匹配的杯子。我顿然醒悟，马上把这两件事情联系起来：喝啤酒喝到最认真的程度，也要讲究杯子，否则他不会在那里琢磨杯子。果然如此。他说喝顶级的啤酒，就跟喝葡萄酒一样，杯子要非常考究。他为了匹配我的这五瓶啤酒，挑选了五个不同的杯子。

春夏秋冬加上完美结尾

我跟 Pierre 讲，喝这五瓶酒，我要从口味比较淡的那一瓶开始，逐步喝向浓的。他说这是正确的。这里所谓的“淡”，指按照他那个地方啤酒的标准，假如把他那个“淡”啤酒，拿到其他的酒吧里去比，依然算得上是口味非常丰富（rich）、非常醇厚（dense）的了。我就从“淡”的那杯开始喝起。啤酒往杯子里面一倒，刚好阳光从大玻璃窗的上部透进来，一片金黄色的雾在大杯子里弥漫出来。我跟他讲我的感受，说这个啤酒我一喝到嘴里，感觉到一种初夏的天气，阳光明媚灿烂，有点炎热或者说干热，像是走在一大片草原上，周围是麦地，到处可以闻到草地的芬芳，绿草地夹带着麦田让太阳烤晒的那种香味。他说：是呀，这种啤酒就是这样的风格，你没白喝。我继续向他请教——我等于是在上课学习——我说我们喝葡萄酒的人都很讲究，什么样的葡萄酒要配什么样的菜。当然马马虎虎的人只知道两大类：红葡萄酒配红肉类，白葡萄酒配鱼类或家禽（白肉类）。这只是最一般的划分法，我几次去法国的时候，我的法国同学和朋友告诉我，特殊的好葡萄酒，配的鹅肝酱或者干奶酪（cheese），都要指定是哪一个村子里做出来的鹅肝酱或者干奶酪。讲究到这个份上，就好像男女婚配一样，一点都勉强或马虎不得。那么喝这种上等啤酒要配什么比较好呢？Pierre 说，喝一般的啤酒，人们通常配炸土豆片，但喝这么好的啤酒的话，就应该像喝葡萄酒一样，选比较好的干奶酪来配——不能太干，味道不能太重，是属于口味比较“淡”的干奶酪 ，有一点点软。还应该配刚出炉的新鲜烤面包，因为全麦面包本身就有一种大麦的香味，这样就能把好的啤酒的底蕴给“勾引”出来。

好！我把第一杯啤酒喝掉以后就出去买。他说：你人生地不熟，上哪儿买呢？我说：我因为好喝又好吃，这周围的干奶酪铺和面包店我已经侦察过一番了，侦察时靠的是鼻子；哪个干奶酪铺和面包店里飘出来的干奶酪臭味和面包香味越浓越复杂，哪个店铺就越入流。我记得离这啤酒鉴赏屋不太远有一家店，于是就跑过去，买来干奶酪，以及全麦饼干和新出炉的面包。顺便插一句，我们中国绝大多数人吃不惯干奶酪尤其是重口味的干奶酪，就像绝大多数外国人吃不惯湖南臭豆腐干一样。干奶酪越臭越名贵，最臭的干奶酪臭味丰富无比，有很多人闻都闻不动它，闻完会头昏脑涨，更别说吃了。爱吃它的人一闻到那个臭味，能陶醉到半晕过去，就仿佛饮醉酒一般。

就在我出去买东西的几分钟里，鉴赏屋里又进来两个青年女子，一个来自美国，一个来自加拿大，是交流项目的大学生。她们来买啤酒送给她们的同学过生日。你看，在这里买啤酒送亲友是很像样的礼物，而且一定要配上跟这种啤酒相称的杯子，要有一个礼品硬纸盒子。在我们中国，人家过生日，总不能送人家四瓶啤酒吧，因为啤酒是大众饮料，稍高于软饮，但国人很少了解，高档麦酒其实是很讲究的礼品。我把干奶酪和面包买回来后，就开始从第二瓶、第三瓶…… 一瓶一瓶慢慢地吮吸品尝下去。每瓶啤酒一打开，换个杯子倒下去，颜色不一样，气味不一样，在阳光的反射之下，泛出的雾色也不一样。当然我喝进口腹之后，感觉味道更不一样：一瓶比一瓶更厚实，一瓶比一瓶更凝炼，一瓶比一瓶更有性格。这五瓶是大自然的春夏秋冬四季、以圣诞节为终点和起点一年循环的生命力结晶呐！

你要问，我喝酒的感受是不是真的显出这个序列呢？当然！刚才说，我是从比较“淡”的啤酒开始喝起的，假如是从浓的酒开始喝起来，就越来越没有味道了。我看到，这些啤酒瓶上标出了酒精含量是多少。之前我给龙希成博士喝过荷兰产的Bavaria牌啤酒，那款啤酒的酒精含量是5%。在西方，这个度数左右的被称为“淡”啤酒。我在那次去比利时喝啤酒之前，自认为喝过的啤酒种类已经蛮多的了。在到澳大利亚之前，我喝过的最浓的啤酒，是爱尔兰本地产的黑色的Guinness（健力士），那种啤酒的酒精含量在7%左右，已经相当浓了。要知道，在我们中国，啤酒瓶上的度数大都标着3%~3.5%，而且里面很多还是夸张的，因为喝了以后，嘴里就“淡”得难受，没有这个度数应该有的感觉！你想想看，我在澳大利亚喝过的最好的老式啤酒是Coopers Stout Extra，那个度数已经超过了7%，一深杯啤酒喝下去，像我这样酒量的人，都会有一种飘飘然晕乎乎但很舒服的感觉。而在这间小鉴赏屋里，我看到啤酒瓶上标着酒精含量，从7%开始，还有8%——要知道，我以前从来没有见过8%的啤酒！在挑出来供我品赏的五瓶中间，我甚至看到了8.8%的啤酒！不过马上得澄清一下，所有上面讲的这些老式啤酒的酒精度数，指的都是原发酵达到的自然结果，而不是把烈性食用酒精加进啤酒混合成高度啤酒。这之后两年我去俄罗斯东部考察当地的黑麦酒，有好几种都是掺了酒精的，高到十度，一喝下去就晕乎。俄罗斯的酒鬼太多又没有那么多钱买酒海喝，不得不用掺加酒精的混合啤酒与肚子里的酒虫过招。

这五瓶啤酒，我喝了多长时间呢？前前后后大约两个多小时吧。那两位来买啤酒作礼品的女大学生，听着我和店主的对话，听得入了迷，也找两个高脚凳子坐下来旁听，舍不得走了，听我们两个人评讲啤酒，这是一种很难预先安排的国际文化交流啊。我那么真诚好学，懂得的也不少；店主介绍得那么尽心，他遇上我这么一个虔诚的中国“老外”弟子，大概是平生第一次。

两个多小时喝下了五瓶啤酒，而且此前我已经喝过好几家了。你肯定要问：你难道不感到肚子胀吗？这正是我当时感到纳闷问自己的问题。你想，假如我是在国内喝本土产的啤酒，连着喝五瓶——我不是指中国标准的640毫升的大瓶子，而是指375毫升，或者400毫升、420毫升的，中国出口的啤酒也就是用那么大的瓶子，五瓶相当于三个中国大瓶子的容量——肯定要上几次厕所了，是不是？非常奇怪！我在这个小鉴赏屋里喝啤酒的两个多小时的时间里，竟然没有一次要上厕所的感觉！邪门不邪门？你看那几瓶啤酒的酒精含量已经不低了，从7%直到8%多，我也没有头胀或者嗓子发干的感觉。我马上悟出来一个道理，那就是，像他们那种按照非常传统的方法酿造出来的高品质麦酒，跟那种工业化大生产造出来的大众化廉价啤酒相比，根本就是两回事。相形之下，那些便宜啤酒简直就像是用凉白开勾兑出来的，没有 body—— 很难准确翻译，意思是没有“实在的体质”；没有 structure—— 饮到口腔里感觉不出“层次和结构”。很多国产的啤酒都标着“用泉水酿造”，我感觉不少是胆大吓胆小、蒙蔽大众消费者的：多半是自来水，不是好水 —— 好水是很贵的，好的泉水更贵。好的泉水天然甜冽清爽，比大众化的啤酒更好喝。

“无名”的无穷奥妙

我喝了那么多啤酒，又不用上厕所，肚子也不胀，头也不疼，通体舒服，每一个关节好像都能透出来啤酒的麦香，似乎也有打太极的时候全身脉络都“通关”的感觉。而且两个多小时里我一直都站着，精神焕发，一点都不感到疲劳。在我喝酒的同时，店主 Pierre 自己也在喝一小瓶啤酒。他对我说：很难得遇到像你这样一位对啤酒满怀热爱之心的亚洲人到我这儿来，今天下午谈得真开心，你已经把我为你选购的这五瓶酒喝得精光了，最后我要请你喝一小瓶啤酒，算我请客，为你辞行。

我一听，这不得了！我已经让他从满库房里挑出十瓶最好的，然后再从中挑出五瓶；他现在要请我喝一瓶，我知道这最后的一瓶啤酒肯定非同小可！果然不错，他到库房深处转过回来，拿出一瓶啤酒，往桌上一放，我一看，傻了眼——没有商标！其他啤酒都是有商标的，只是以前我没有见过那些商标而已，而这一瓶却没有商标！我就问他说，根据我的常识，像这样一种啤酒肯定是极稀有、极特殊的，因为它“无名”呐。世界上顶级的人和物，往往就是“无名”的。老子说“大音希声，大象无形”嘛！他让我仔细看看盖子。我看了看盖子，盖子上是一圈字，但我不认得，不是英文、德文、意大利文或法文。然后他说，这个啤酒是这周围一带能够找到的最奇特的一种。

这个啤酒是怎么回事呢？这个鉴赏屋里其他的上等麦酒之所以有商标，是因为它们虽然是用很传统的方法酿造出来的，但已经进入商业化运作体系了。而这个最后的麦酒却没有。Pierre 说，这个麦酒出自比利时最古老的修道院之一，是那里的修道士们酿造出来的。这座修道院地处两大高山之间的深谷之中，一年里有好几个月是寒冬，即使是在秋春两季，这个地方也经常刮着凛冽的山风，对人的身体“磨损”得相当厉害。因为这个缘故，修道院里——这个修道院从中世纪起就在那儿了——隐居的修道士们长年累月身体吃不消，需要经常补补元气。他们慢慢发现，用那荒野地里生长出的黑麦、燕麦，能够酿造出来一种非常特殊的浓啤酒。像早年欧洲有钱人家，习惯上都安排有下午喝咖啡，吃甜点、饼干加奶酪的时间，修道院的修道士们也有类似的这段补充肠胃的时间，不过他们不是喝咖啡、吃饼干甜食，而是在下午喝一罐这种浓黑麦酒，这个麦酒就是清苦的修道士们唯一的身体补养品。现在喝到的这种啤酒仍然是在这个小而老的修道院里酿造的，但并没有进入商业化的运作体系，所以没有商标。几百年来它的酿造传统从来没有大变过，就是说，现在喝的这个啤酒的酿造方法大体上还是中世纪传下来的酿造方法，只不过装啤酒的瓶子已经变化了，以前用的容器是陶器罐子。这跟全世界最古老的葡萄酒产地之一的情况一脉相承，格鲁吉亚的许多酿酒坊今天还在用陶器罐装葡萄酒。

为了让我充分品味这种浓黑麦酒的奥妙，店主 Pierre 又换了一个肚子很大但开口稍稍往里收的大杯子。瓶盖一打开，啤酒往里面一倒，哇！我举着杯子，对着阳光看都不透光，感觉似乎是看到了五六百年前的红木家具的横断面一样，一种深沉庄重的暗红。片刻之间，满屋子的麦酒醇香！一口喝下去，我的天呐！刚才说我喝前几瓶啤酒时，是每个关节都给打通了，但这一口喝下去，我发觉全身的每一个毛细血管都给打通了，每一个细胞都洋溢着这种麦酒的神奇味道！一点都不夸张，一杯古旧风格的啤酒会令你有脱胎换骨的感觉。我忍不住问 Pierre，既然这个啤酒没有商标，他们怎么能够保护它的生产呢？我的意思是，我会不会在别的地方买到仿造它的啤酒呢？他说："不可能。这是修道院自己生产的，秘方不推广、不商业化，产量也不大。你只能在我们这个地方少数几家很出名的啤酒店里碰到，绝大部分酒店里你看也看不到。给我们送货的人都是我们认识多年的，盖子是他们独家的标记，上面有字，还有个大木头盒子，每盒里面放六瓶啤酒。盒子底下也有那家修道院的标记，下一次来时我们就把大木头盒子还给修道院的送酒人，这和我们欧洲乡镇地区赶马车每天送新鲜牛奶到老客户家门口是一个样。我这次实在是感到你是知音，你又是抱这么诚恳的态度来学习我们比利时的啤酒，所以我才舍得请你喝这个啤酒。"

那天下午，我喝这几瓶啤酒的经历，是我这一生漫步寰球学习酒、体验酒的一个复归点，从来没有哪一天喝啤酒能喝到那么愉快的！前面提到过，我喝酒经历过一个“中国世界”，一个“西方世界”。在“中国世界”里，我喝酒经历过两个阶段：在“初级阶段”，是有什么酒就喝什么酒，没有酒就想喝酒；到了“高级阶段”，是喝市场上一般买不到的旧酒，往后要细细讲的所谓“出土的文物酒”。在“西方世界”里，我喝酒经历过三个阶段：刚到美国去的时候，因为没有多少钱，有关洋酒的知识也不够，喝的只是普通到中档的啤酒，是洋酒的“初级阶段”；到了“第二阶段”，我喝的是威士忌，偶尔也喝点白兰地、杜松子酒（即金酒）、朗姆酒、伏特加等烈性酒，但大多是属于大路货的牌子，这是所谓的“小康阶段”；到了第三阶段，我就进入喝葡萄酒的高度。一旦进到喝葡萄酒的阶段，其他的酒我就看不上眼了。这就像是你下棋打牌，下到围棋阶段，其他的棋就索然无味了；打到桥牌阶段，其他的扑克牌玩法对你就非常无趣了。可我万万没有想到，在比利时首都老城区的一个小鉴赏屋里，我又重新回到了十几二十年前爱喝啤酒的阶段！但正如黑格尔所言：这不是简单的走回头路，这是螺旋式的重复，是否定之否定，是在更高层次上的复归。可惜这样顶级的比利时啤酒，在别的地方很少能够碰到；我有一种预感，离开这个小鉴赏屋以后，我多半只能在想象中重温这几种啤酒的神鬼魅力了！

我跟Pierre道别的时候，彼此伤感惋惜，深情拥抱，讲好两个人今后保持联系。我过两天就寄了几张我们的合影给他。我希望以后还有机会到他那个小鉴赏屋所在地段待一些时间，能够把他那里的几百种啤酒一一尝遍。我相信，每一种啤酒他都能给我讲出一个故事：是怎么来的？大概是用什么酒花和麦种原料？是在什么季节酿造的？比如，在我喝的那五种啤酒中间，就有一种是专门在圣诞节前夕酿造的，一年只造一次，为着在欢庆圣诞节时饮尝，过了这个短暂的生产期就没有了，再早一点也没有，而且每一年圣诞节时用的原料也都不尽相同，所以每年的味道也不完全相同。大概这些相当怪僻的做法融合一起，就形成了生生不息的活的酒传统。

要说那天下午喝那些啤酒总共花了多少钱，就有意思了。我当时口袋里有美元、港币、欧元。我跟店主讲，我今天来喝酒，喝的吃的用的任何东西都要付钱，因为我不是你们小组的成员，没交过会员费。他说：“一般到我们这里来喝酒的人，都是对啤酒非常考究的陈年酒友，所以我们叫‘啤酒鉴赏小组’。像你这样的美酒信徒远道来访，我当然也要适当照顾一点，我就按照成本价卖给你好了。”这个人真是非常好非常厚道！他还说：“你买了好几样名产地的干奶酪来，我也白白吃了你的干奶酪啊。”他这样算下来，就以比成本更低的价格跟我结账，一瓶啤酒也不过四五美元，再加上消费税。按品质论，这个价格实在便宜到社会福利水平啦！当然，在广义的啤酒产品的大家庭里，这个价钱算是相当贵的了。但对照 Pierre 那个屋子里的麦酒阵营的普遍品质来说，我觉得还是花几倍的价钱喝高几倍水平的真神麦酒，才是非常划算的享受，一个人不能一辈子往胃里倒工业水档次的液体。

那天下午，是我一生喝啤酒喝到登峰造极的时刻，这令我对啤酒刮目相看，是学习上的无形得益。可惜自打离开那儿以后，我在别的地方就喝不到那几种麦酒了。我走回两公里远的住处，沿途醉眼蒙眬，一路飘飘然，感觉自己是古老修道院里溜出来散步的一个准神仙。我当晚睡在布鲁塞尔市区的一个由十九世纪古老房子改造而成的宾馆里，屋内古色古香。我的脑子里还浮现着各色各样的啤酒瓶，不同形状的啤酒杯，深幽的酒库，Pierre专门为我挑的几瓶啤酒，在半醒半梦的状态中，我与他们为着欢庆圣诞节而品饮着顶级的浓厚麦酒。

第二天上午我就坐火车到阿姆斯特丹去了。因为有鉴赏屋这么一次经历，我对花了多少钱买车票、横穿欧洲大陆、寄宿旅馆等，丧失了从经济角度算账的能力。

塞翁失马，焉知非福？

我那次去海德堡大学是参加教职招聘的面试的，这所德国本土最古老的大学要招聘一个研究亚洲经济发展、社会转型的社会学家。对于我们从事比较研究、关注宏观社会变迁的晚辈后生来说，能够到这个学术领域的大宗师马克斯·韦伯工作到逝世的西方高等教育圣殿去就职，是一件幸事。在最后被筛选下来到该大学面试的四个候选者中（他们是向全球招聘），我是唯一的来自非德语国家的学人。两天密集的报告和试验讲课之后，招聘委员会在最终做决定之前问了我一个技术问题：两年以后，你能不能用德语而不是用英语讲课？我老老实实答道：假如这样的问题是在美国的大学里提出，我的回答一定会显得信心满满，美国人就怕你信心不足；但在德国的大学里面对这样的问题，我不敢随便拍胸脯，你们德国人太较真、太一丝不苟了。我也许两年后可以少部分地用德语教学，完全用德语实在是没把握。

稍后几周才知道，我没有得到那个教授职位，就是因为这个老实的回答。招聘委员会的负责人之一、另一所以德语为工作语言的著名大学的副校长对此很不以为然。她说，现在是全球化时代，英语是全球化的交流工具，德国大学生的英语普遍很好，为什么非得固守几百年的德国法则，德国大学必须以德语教学？她对这事记得清清楚楚，向很多位德国大学资深教授提议，要推动改革这个过时的老规矩。又过了好几年，另一所古老的德国大学向全球招聘一名研究大中华区域经济发展和社会变迁的教授，我被提名，经过视频面试和学术报告会互动之后（因为正值我上课期间，无法亲身去德国），招聘委员会却没有在结尾时段再问那个能不能两年后以德语讲课的棘手问题。我被告知，那条老规矩前不久已经改掉啦。我衷心支持德国的以国内改革促进门户开放的高校人事聘用政策！

距离那次海德堡大学招聘面试整整十年之后的2012年6月，我正式收到德文（几十页的法律文件足显德国体系的严谨至极、巨细无遗）和英文（德文版的简要翻译）的两份聘书，有三百年历史的哥廷根大学授予我全职大学教授讲席。这所大学是欧洲旧世界十九世纪便开设中华文明研究和课程的极少数名校之一，它更被誉为“二十世纪物理学革命的麦加圣地”，出过除了爱因斯坦以外几乎整整一代的物理学大师，也出过大数学家高斯和希尔伯特，出过铁血宰相俾斯麦，出过胡塞尔等一系列大哲学家，还培养了中国的名教育家季羡林。痛苦地思量了几个星期后，我更加痛苦地决定不去那里就职，纯粹是由于一公一私的两个原因。直到如今，我都为此而遗憾、遗憾、再遗憾。

假如我去哥廷根大学就职，那趁着周末坐火车重返布鲁塞尔就方便了。那间啤酒鉴赏屋不至于不接纳我为终身会员，Pierre和我的交往将会成为欧洲麦酒传统和亚洲执着考察者之间全方位互动的经典佳话。

第二十六讲
“琳琅满目、一塌糊涂”怎么办?

前面讲过，一出国门，我就在国外待了差不多十年，于 1993 年仲夏第一次回国。那个时候的我不再处于有什么酒就喝什么酒、没有酒就想酒喝的阶段了，已经到了可以挑酒喝的“翻身”境界。1993 年下半年的中国消费品市场已经比较开放了，差不多什么都能买到，只要你有钱。不过，一旦翻身进了挑酒喝的境界，这里面就有更大更烦人的学问。离别十年后返乡探亲、走遍大中小城市，见到什么东西都是满腔深情，因为到处都可以看到进步。不过有一件事情让我感觉特别难过，那就是酒难喝，各个地方的白酒都难喝。我出国之前是到处见不到酒，除了首都之外；等我回国时，无论是大城市、中小城市还是大集镇，那些全国名酒、地方名酒是一排排一摞摞，琳琅满目。酒瓶子造得越来越精巧，礼品盒子做得越来越漂亮，价钱越来越昂贵，但瓶子里面的液体的味道却越来越差劲。我想这下完了，我就想象我在出国之前喝过的名酒优质酒，在美国的时候到中国领事馆和大使馆里喝的那些茅台酒、泸州老窖、五粮液，它们都是原来的那个茅台酒、泸州老窖、五粮液。但一回到中国再喝它们就感觉到跟我出国之前喝的以及在美国喝的远不是一回事。看外面琳琅满目，喝里面一塌糊涂。

我于是就受到一堂又一堂学费高昂的痛苦“再教育”：现在国内市场上的许多名酒都是不真的！你可要注意，“不真的”并不等于是百分之百绝对假的，至少得分为两种。一种是别的厂家造的假酒，地地道道的假货。还有一种是酒厂自己造的低劣酒，也就是不按传统方法精心酿造的次质酒，或者是与别的地方的酒厂联营酿造的酒，但都打一样的品牌，商标是同样的没区别。等到我在全国各地跑多了，陆续发现有不同等级不同风格的假酒和次酒，这些都是在 1993 年秋天以后才慢慢发现的。这里我得告诉你，中国传统白酒最讲究的是水、土和酒曲，所谓“七分水土三分曲”。换了地方，水不同，土不同（酒窖就是土），原料（就是某几种粮食）名同而质不同，即使你用同样的设备，酿出来的酒的味道也不一样。天大的本事都不行！有些在台湾岛内生活了几十年的外省人、一把年纪的海外华人——他们对传统的烈性白酒都有难以忘怀的体验——来到大陆家乡故土，喝了琳琅满目的种种名酒后直纳闷：为什么这些“名酒”那么难喝？所谓“名酒”，是不是“有名的难喝的酒”的意思？显然，至少从 1993 年起，很多造酒厂没有严格按照中国传统的方法酿造，没有按照中国传统的方法窖藏，把咱们老祖宗几百年的看家本领给“稀化”“淡化”了，老牌子名酒于是就不好喝了。在小小寰球上十年觅酒，转身回国后喝的烈性白酒，我越喝越分辨出味道跨不过最低的名酒门槛，越喝心里越是悲凉伤感。

绝地反击，意外得胜

我喝着喝着感觉不对号了，除了难过还很着急，因为很多地方还有假酒喝伤人、喝死人的呢！我越来越痛苦地意识到：出国以前的啤酒像洗锅水，但以前的烈性白酒好喝。今天国产的大众啤酒是越来越接近较低的国际水平了，但今天的中国独有的白酒却是越来越远离传统的酿造方法了。一样近了，一样远了。于是，1993 年秋天后我就干了一件事，算得上是小型系统工程。我发现我们家乡那些卖酒的店铺，如果这家店铺开了十几年了，里面还能偶尔买到二十世纪八十年代中晚期到九十年代初期出的酒，准确讲起来就是 1992 年以前出的白酒。这些酒为什么还会在那儿放着呢？因为我们家乡老百姓的收入水平普遍不高，所以本地人即使买那些有点名气的瓶装酒，都不会自己喝的，舍不得喝，都是为了送人，不管是送亲戚朋友还是为了拉关系送有权有势的人，所以酒瓶外面的商标和包装的盒子很重要。我们家乡每年春季夏季，有几个月又潮湿又闷热，那个年代也没有空调、抽湿机，只要当年那个酒卖不掉，到了第二年，酒盒子就会发霉发软，连商标也模糊了，看上去就不好看了。一旦商标和酒盒子出现这个情况，这瓶酒就永远也卖不掉了。

我发现，就是这些个酒好喝，因为这些酒已经放了好多年了。我发现那些包装越旧越破的瓶子里的酒越是能对上我过去经验中的“号”，马上就想到：要赶快“抢救”这批酒。它们是二十世纪末的“出土文物”，早一天抢救，就少一分损失。于是我就雇了一辆三轮车，我问师傅，能不能雇他一个上午或者一个下午；他说行呐，多少钱呢？我们讲好，一上午或一下午十块钱，一整天再加一顿中饭钱。他觉得一上午一下午这样跟着我东走西逛，也不太累，十块二十块钱也不错了。我就一半时间坐着他的三轮车一半时间步踩慢行，一条巷子一条街道、一个店铺一个店铺地找酒。如果哪个店铺太新太小，就不会有这些旧酒；要找那些店铺比较老旧比较大的，它们以前的进货存货多，尤其是那些原来属于地方国营的糖业烟酒公司的系统和分销店，早年计划经济时期外地来的比较好一点贵一点的酒都是首先进这个渠道，占据垄断半垄断的优势地位。我一家一家地找，一进去就满脸和气地问：“你们这里有没有以前进的、现在还卖不掉的旧酒（不能说“老酒”，家乡人称黄米酒为老酒）？有没有商标破破烂烂、盒子软软塌塌的白酒？”店主或是售货员马上说：“啊啊，我们有有有！你等着，我进去看看。”哎呀，他们听我是本地口音，乡音不改，但他们见我的样子就认不出来了，因为我离开家乡时间太久。他们这些店主店员就纳闷：这个人为什么来问这个事情？我说这些个酒我特别想买。“哎呀，你买这个酒真是做好事了！我们国营部门进的这些酒，入了账以后，卖不掉，又不能销账。老放在这里真麻烦！”还解释说，他们自己也不愿意喝这些比较贵的外地酒；所谓比较贵，那时候像一瓶泸州老窖要三十四或三十八块钱，一瓶茅台酒要一百八十块钱，一瓶五粮液也得一百块钱上下。那是不得了的价钱了，这对当地老百姓来说就是很贵很贵的奢侈品酒了。所以他们自己喝不起，也卖不出去，国营部门又不能销账。我问这些个酒能不能都拿出来卖给我啊，他们说：“哎呀，你要买，我拱手作揖，千恩万谢！卖给你可以，价钱怎么讲呢？”我说：“你们这些个酒的标签包装都搞成这个样子了，总不能按现在市场上新的标价卖我吧？”他们说：“我们国营部门没有权力把那些个酒的价钱降下来，我们只能够卖——这样子好了，我们进账的时候，本子上怎么写的就按那个原价钱卖给你。”实际上，这时候新出来的这些名酒的价钱已经翻了两三番了；比如说像茅台酒已经到了三四百块钱一瓶，他们按进账时一百八十元一瓶卖给我。

一直能享受到二十一世纪下半叶

就这样，我雇了辆三轮车——我前前后后雇过好几辆，因为那是个不小的工程——把家乡城镇的大街小巷基本上都跑遍了，搜罗来一百来瓶二十世纪八十年代中后期到九十年代初期出的旧酒，牌子最多的是“泸州老窖”和“全兴大曲”。为什么呢？因为像五粮液、茅台酒在我们家乡实在是太贵了，很少有人去买，商店进货就很少，所以我当时也没有搜到很多，真是遗憾！“全兴大曲”的制作单位就是现在的“水井坊”酒厂，在成都郊区。像“泸州老窖”“全兴大曲”都是属于国内二十世纪六十年代评出的全国八大名酒、轻工业部评出的全国优质酒；还有西凤酒、汾酒；除此之外，还有安酒、怀酒、沱牌曲酒、鸭溪窖酒、洞宾大曲、白云边酒，等等，都是以前很出名的地方名酒，多数十几块钱一瓶，很少超过四十块钱的。搜罗回来之后，因为这些酒瓶本身的包装尤其是原封口都不太牢靠，我花了好几天工夫，用买来的包装材料，一瓶瓶一箱箱封起来，用纸箱子捆绑结实。

自从有了那次在家乡搜罗的经验以后，每到一个小地方——因为大地方的居民收入比较高，那些酒进货后不久就卖完了，所以只有到小地方才能遇到这类旧酒——我就去卖力寻找旧酒。而且我有鉴别能力，这种能力书本上没有，是自己的实践积累出的心得体会，真正是自己的智慧产权。我知道哪些是真的老牌子酒、好酒，即使包装破了，商标不全，也知道大概是哪一年出的。我每年回到老家的时候，都会弄辆车到一些近旁的县城或集镇去找旧酒。这些酒我那三年间总共大概找回来三十来箱，各种各样的牌子，有名气没名气的，我都一瓶瓶加封条捆扎妥当。其中，还包括一小部分中国改革开放后最早进口来的烈性洋酒——有些小地方的商店为了表明身份，也搞几瓶洋酒放在显眼的柜台里。但小地方的居民多数喝不惯洋酒，而且洋酒的价钱也偏贵，本地人也不认得，所以洋酒放在那里也放了好多年了。所以，我买的那些进口酒，现在一打开看，有的是几十年前出产的，这些洋酒也就成为中国土地上的“出土文物”了。

前两年我到北京去开会的时候，带了一瓶 1984 年出的泸州老窖，一打开，哇！那阵醇香简直不得了！跟现在从市面上买的同一个牌子的老窖酒根本不是一回事。你想想看，以前那些名酒都是按照上百年传承下来的久经考验的传统方法酿造的，然后都要再窖藏个两年三年，像茅台酒必须窖藏三年才能装瓶出厂。装了瓶以后又放在那里十几年了，你看这个酒多好喝！一提起来我就直流口水。这些旧酒，我每次回老家都会打开几瓶，请好朋友来尝一点点 —— 不能让他喝过瘾，只能尝几口。在我们家乡，老同学、老朋友们都知道，我跟某某人的关系怎么样，就看我拿出什么样的酒：拿出来的酒瓶子越是难看，越是没有商标，此人在我心目中的友情地位就越高，因为这个酒的年份越老越陈。这些旧酒我毛算了一下，假如我平均每两年回家乡一次，每次开个四五瓶，我可以一直喝到我一百几十岁，也就是二十一世纪下半叶。现在，那些酒我都深藏起来了，都打上了封条，自己手写的封条，别人冒充不得。当然，不管我身在何方，在哪个国家工作出差，常常想念我的那些旧酒。那些酒的商标各种各样的都有，时不时地在我的脑子里飘来转去。

搜寻到国界线上

我当初在家乡寻酒的时候，那些店里的人都发懵，说这个人有毛病啊，一进门就问，有没有卖不掉的酒啊，而且说：“你卖得掉的酒我不要买，好卖的酒我不要买，我是专买你卖不掉的外表难看的酒，麻烦你们一个一个仓库去看看。”最后一次在家乡这么搜罗的机会——越来越没地方可搜啦——是2001年春节，我回老家的时候，还在很偏很狭窄的老街角落找到一家店，远近市面上一些比较大的铺子我都已经搜寻光了。这家店在什么地方呢？在我小时候看电影的已经关门大吉的电影院旁边。那里又破又旧，旁边都是半倒塌的老房子。我忽然看到，这家烟酒商店是我小时候就在那儿的一个铺子，现在还在那个地方，已经承包给个人了。我一进去，凭着直觉就知道这家店里肯定“奇货可居”。那个小老头店主，五十多岁的样子，我问他，你这个地方有没有以前进货的、卖不掉的酒？他连声说“有”，然后就去找。那些纸箱子已经烂得不能看了，他还从中找出二三十瓶。他感动得不得了，对我说：“你真是好人，我这是小本经营，这个店我已经承包好多年了，当年进的这些酒卖不掉就卖不掉了，老是放在那个地方，我又是个不喝酒的人。这下好了，你买去。”

这些酒对我来说都是宝贝啊！有山西的老汾酒、河南的宝丰酒，还有像早年出来的被轻工业部评为“优质名酒”的杜康酒，最早出来的一批孔府家酒——后来的孔府家酒就不那么好喝了，但第一批孔府家酒真好喝。再如我们安徽省第二有名的口子酒（已经说过，第一有名的是“古井贡”）——那时候出产的真是所谓“口子开坛十里香”、明清一代就出名的好酒啊。

那个店主小老头高兴得不得了，其实我比他更高兴。家乡的朋友告诉我，有些店里的人很怀疑我的身份，怀疑我是私营造酒厂的老板，想把这些酒收回去再“勾兑”，勾兑以后再翻几番高价卖出去，认为我很有商业头脑，太会赚钱。当然，我很有头脑，我把这些酒都“勾兑”到自己肚子里去了。我做的这件大事业人们起先不知道，后来就传出去了，现在家乡的人都知道早先那个带着三轮车专门找卖不掉的、外表破烂的白酒的人是谁了。

除了家乡的酒，我自从到澳大利亚工作开始，就广泛深度介入中国和东南亚政治经济文化交流的项目，频繁往来于两边，所以趁机在中国的一些边境小城镇搜罗过旧酒。云南省和越南以及缅甸的交界处是我去得最多的地方。还顺道去过连接云南和贵州两省、云南和四川两省的通商路线沿途搜罗。有好几年我在新疆的州、县一级的地方寻觅过生产建设兵团的老酒厂出的烈性白酒。不过由于飞机上不能随身携带液体，打包放在行李箱子里酒也会跑气漏出来，我不得不把那些旧酒留在省会、州府的城里，去了才能喝上。

不过，在所有那些各地寻觅搜索而来的五花八门的旧酒里，没有一瓶茅台酒，这里面的原因也不太难解释。早年在中国内地的大中小城市，包括省会城市里，是看不到普通商店里出售茅台酒的，因为在计划经济年代，茅台酒不是市场上的商品（即便你叫它高档商品），它是配给品，是凭着行政级别配给的。而那个时代基本上没有伪造的假牌子名酒，就像没有伪造的假牌子学历证书，伪造假牌子名酒和证件是犯罪行为，抓到了肯定要判刑。直到 1984 年 8 月 29 日我出国留学之前，我在上海和北京的大百货公司里，都没有见到有茅台酒出售，哪怕是在重大节日期间。比如 1982 年 9 月底我从上海分配到北京工作的第一个星期，就碰上“十一”国庆假日，我从王府井漫步到西单，一路上看到商店里陈列着名目繁多的地方优质酒，看得我心花怒放、口里生津，可就是没有茅台酒。据我所见，北京市唯一一家商店的玻璃橱窗里陈列有茅台酒的，是离我当时的工作单位中国社会科学院大楼不远的北京友谊商店，但那是必须用外汇券购买的。像我这样既没有外汇券也没有陪同外宾的工作证（比如翻译人员证件）的爱酒之辈，只能在橱窗外面看看过把瘾。

我留学工作近十年之后才回到中国内地，终于在上海、北京的大百货公司里，至少逢重大的节庆日，看到柜台上有茅台酒陈列了。不过，记忆中1994年我并没有在内地亲自掏钱购买过，因为在香港我能在国货公司里买到出口的茅台酒。在内地调研或开会时也会有好朋友舍得拿出一瓶茅台酒款待咱，但这样的机会极少，在那个年头茅台酒还是非常稀有的消费品。我真正享受到一瓶顶级陈年茅台酒是在1995年，是好几个机缘碰在一起才成就了的幸事。有两位内地派驻香港的中资外贸系统高级管理人员，二十世纪八十年代中后期到内地商谈业务，在贵阳市有幸被省委主要负责同志接见。这位负责同志对他们说：“民间流传有句谚语，云南的烟，四川的酒。其实我们贵州省这两样都有，而且还有其他很多种类土特产。拜托你们在香港做外贸的同志们多多为我们贵州的土特产品走出去、走向世界出力！你们也知道，我们贵州是全国人均收入最低的省份之一，帮助贵州省的老百姓脱贫，我们会永远感谢你们的。”这位负责同志当时送了两瓶茅台酒给他们，他们带回来，一直放在香港的办公室里珍藏着舍不得喝。我在香港教书的那两年半里，与他们交往颇多，经常畅谈古今趣事、天下大事，其中一位曾经在哈佛大学商学院进修过，对我更多了几分情谊。得知我 1995 年底就要离开香港科技大学到澳大利亚国立大学亚太研究院做国际政治经济项目至少三年，就把那两瓶稀有的陈年茅台酒中的一瓶赠送给我壮行。我就在临行前庄重地把那瓶珍贵的茅台极品，佐以香港顶级的清蒸深海鱼加意大利橄榄，打开从波士顿带来的音响，播放着肖邦的钢琴独奏曲，面朝东海碧波，直喝至“明月出海底，一朝开光曜”（李白《古风五十九首（其十）》）。那是我平生喝过的最稀有的九瓶中国白酒之一。

在那些年里，除了寻觅旧酒外，也有碰上当地小作坊认真酿造的、远远好过市场上“琳琅满目、一塌糊涂”商品的土酒。下一讲我将提到的片段原是发表在海外一家报刊上的“遇酒”—— 不能说是觅，是碰巧遇上的 ——回忆。

第二十七讲
“被爱情遗忘的角落”

其实，在中国的极少部分地区，仍然保存着原色原味、传统悠久的烈性白酒。它们的伟大优势，就在于不被外部世界所知道；它们的凄凉处境，也在于不被外部世界所珍视。这些年来，我在大江南北、长城内外、彩云之乡、夷狄故土做学术研究期间，都特别拨出一部分时间和精力，考察当地的土作坊酿酒传统。有些考察成果目前还不能公布于世，不过这里我至少可以给诸位讲两个实例。

新千禧年的初春，我在我国云南省与东南亚接壤地区做关于欧亚大通道的社会文化影响的研究，驱车穿过众多少数民族居住的地方。每到一个大寨子、小城镇休息吃饭，都会受到当地人纯朴到令你“喝不了兜着走”的招待；有的寨子门口站着两个少年，一人斟一碗酒放在你的车头上，不喝下肚不开车。那一带差不多每个大寨子、小城镇，都有自己酿造的白酒，原料各别，风格多样。一路喝下来，我的评价是：这些酒“群星灿烂，没有一颗月亮”。我对陪同的云南朋友建议道：假若在这一群无名地方小酒中选取两三种相对来说最好的，采众家之长，精心培育，十数年之后，云南必有精品土酒风行于世。

说者有心，听者留意。来自西双版纳的围棋迷小周，两星期后带我去拜望一位七十多岁的傣族老大爷，他的家族世代为傣王酿酒，他本人算是最后的传人，因为他的儿子们都进城里做事了。老人住在一座小山坡上的野林里，终年以传统的明火烤谷子酿造烈酒。他的小茅屋周围，弥漫着一片爽朗清冽的谷子烧酒的芳香。老人招待我们的，就是他一年前酿的烧酒，喝到嘴里，立时满腔奔放。老人的顾客，就是周围几十里地傣族寨子的中老年乡亲们，每家每户提着大瓶小罐来装。我临走的时候，得老人恩准，从他床头的酒缸里，装了四斤（二公升）已经存放了近两年的谷子酒。回到昆明后，我把酒封在一只原先盛纯燕麦威士忌的大瓶里，因为这种瓶子不透光不漏气。存放了三年，2003 年 8 月底我们去泰国、老挝、缅甸金三角地区考察途中，在沿着湄公河蜿蜒而下的船上开瓶品尝，其醇厚健实的酒体，已经不是价格可观的上等的韩国和日本烧酒所能匹敌的了。

我的另外一次土酒传统考察，是2003年春末夏初在重庆乡村。重庆市所辖的崇山峻岭中，有一座古镇，距离市中心有两三个小时的汽车路程。吃午饭的时候我们到达古镇，沿着明清石板道在镇里漫步，一间间小饭馆里都挤满了山民，他们吃着豆腐花，推着麻将，喝着白酒。我好奇地走进一家饭馆，一位中年山民指指碗里：“这个酒好，别的地方喝不到的，只在本地有。”我找到了那家酒铺，老板端详了我两眼，没让我尝店门口大玻璃罐里的酒，却让家人带我走进狭长过道里面的后屋。后屋的厨房里，阴暗的楼梯下，两口酒缸，每口盛得下三四百斤酒。我提起沉重的封口布袋，盛了小半碗，朝嘴唇上一靠，立刻觉得甘洌的酒液自动窜进口腔，随即七窍通畅，遍体舒展。这高粱酒有五十多度，抿在嘴里，却好像是饮雪山下的清泉。我站在那儿，就着野核桃仁，喝了两小碗，当即恳切奉劝开车带我踏青采风的重庆文化工作者：这酒只要窖藏四五年后上市，中华大地上，在纯高粱酒家族里，要想找到跟它打个平手的，怕不大容易。所以请千万保护好那家小酒坊——特别是作坊里的老师傅，周边的水土和高粱，不要让任何有破坏性的力量碰他们和它们。早年上海出过一部电影，片名“被爱情遗忘的角落”。电影看到一大半，你就能体会到：被爱情遗忘的角落里，有真纯爱情。我这些年走下来，更体会到：被滚滚且浑浑的商潮遗忘的偏僻角落里，有真纯佳酒。

不多余的话

龙希成博士在与我深谈后问我：“你讲了那么多的觅酒品酒遇酒经历，又对华夏酒统的起伏断续那么关注和揪心。那你作为一个从事社会科学教学和研究的专家，能不能把你在国内外考察鉴别获得的认知，做点归纳提升，来应对你忍无可忍的‘琳琅满目、一塌糊涂’的酒市场乱象呢？至少我们知识人、文化界、传媒界要大声疾呼、力挽狂澜。”

关于这个问题，我感到痛心悲哀加恼火的是，我出国以前的那些有点名气的烈性白酒，个个名副其实，都是严格按照传统的粮食配方和工艺酿造，并且一定要保证窖藏的年份才出来的，因为这类蒸馏酒要存到陈年，味道才好，副作用才少。而待我回国以后看到尝到，那些还是挂着老牌子的名酒，绝大多数已经不再严格按照传统的原料和工艺酿造，也没有按照传统的程序窖藏。像我前几年到贵州省和周边省区市交界的地方考察，看到许多小村镇的小卖铺里摆着的白酒，都声称是“茅台镇酒”或“茅台型酒”。很快，我在全国各地的大中城市大百货商店和超市里，也看到摆满了同类自我标榜的白酒。这是系统忽悠操作法，是利用无数想喝酱香型酒、又买不起或买不到真酱香型酒的消费者的模糊意识，勾引他们掏大钱买不靠谱的产品。国内市场大，消费者知识欠缺，真酒供不应求，利润奇高，又缺少透明的监管机制，什么花样都被刺激出来在大众市场上横行霸道。

前面提到华夏传统里酿制烈性白酒的原料最讲究的是三样：水、土、酒曲（又叫酒母，也就是促使粮食发酵的菌类物质）。不同的地方，水质、土质不一样，产出的粮食和掘砌的酒窖不一样，酿出来的酒就不可能一样，哪怕用的是一样的工艺和设备。这跟生产汽车不同，造汽车，

1999年，世界围棋界的华人名流发起一个活动，于每年夏天举行“世界华人炎黄杯围棋赛”。发起人是金庸、沈君山、聂卫平以及林海峰。

第二届“世界华人炎黄杯围棋赛”在贵州安顺举行。丁学良位列特邀嘉宾第一位，不为棋，却为酒而来，与发起人把酒言欢。

随便在哪里设个厂，只要有同样的一套设备，有技工，有原来的厂家的图纸、技术和部件，就可以生产出同样型号的汽车。而酒是半自然半人工形成的，不是纯粹的工业流程产品，它跟俗称水土的小生态自然条件关系密切，跟酿酒师的当下工作状态和“手气”关系密切，所以好的酒是艺术品。我们的祖先早就悟出这个道理，本书前面引证的《酒经》感叹：“若夫心手之用，不传文字，固有父子一法而气味不同，一手自酿而色泽殊绝，此虽酒人亦不能自知也。”虽然国内许多烈性白酒厂家和跟白酒有关系的陈列馆，动不动就把自己品牌的烈性白酒说成有两三千年的“家谱”，其实华夏区域地下出土和地面发现的实物证明，烈性白酒，即蒸馏酒，也就是俗话讲的烧酒，从科技的标准来讲，历史只有大约一千年；比这“家谱”更老的是原发酵低度酒，制作烧酒的器具最早是属于宋、金朝代的，是在这两个朝廷控制的疆域交界处出土和发现的。除非有更老的实物证据出土或发现，我们只能按照这个年代表来讲烈性白酒的家史渊源。根据英国一位专家的梳理，英语的“alcohol”（酒精）这个词有八个多世纪的历史，它起源于阿拉伯语词汇“al-kuhul”，意思是“the kohl”，即中东地区炼金术士通过蒸馏获得的粉末或精华物质，既包括用于脸面上的药膏，也包括令人陶醉的蒸馏酒。[①]

在这一千年上下的历史进程中，随着移民从北到南、从西到东及反方向的缓慢离散，蒸馏酒的工艺和器具也传播到华夏各地。一方水土养一方人，一方水土也养一方酒啊！尽管大家长期以六种香型（清香、浓香、酱香、兼香、糯米香、芝麻香）来大而化之地归类烈性白酒，其实在每一种所谓的香型里，都有明显可辨的香气和味道的差异。比如同样被称为清香型的，山西汾酒与北京二锅头有差异，厦门高粱酒与天津高粱酒也有差异，更遑论金门高粱酒、马祖高粱酒、玉山高粱酒了。在被称为浓香型的里面，差异更是多多。这正是中华酒统的丰富多彩之处，而在这个大花园里，尤以酱香酒最不易酿造，最受水土小生态环境制约，外加工艺繁复。可惜可叹的是，这个百花齐放、百家争鸣的中华酒统在近三十年里被快速地、大面积地“同质化”了。前些年因为开会、实地调研、久别重逢

---

① 引自 Susie Dent 为 *BBC Culture* 专栏 2017 年 2 月 28 日撰写的美酒文章:《英语中有三千个表达“喝醉”的单词》—— 由此可见英国人怎么喝酒。

等缘故，我被动地参与喝内地一百多种颇有点名气、牌子各异的白酒，除了极少数（少于十种）还有一点我出国前喝的酒内涵的香气和味道，绝大多数琳琅满目的瓶子里倒出的液态物——它们都自称是国产名酒或某某场合指定宴会用酒——其体质大半是化学食用酒精，其气味和口味是化学添加物的发功之作。

同是古老的文明区域，华夏的造酒传统和欧洲的造酒传统，两者是大不一样的。华夏的传统体现在黄酒和烈性白酒这两个核心上，欧洲的传统至少体现在啤酒、葡萄酒、由葡萄酒蒸馏而成的白兰地类烈性酒、由麦子（美国也用玉米）蒸馏而成的威士忌类烈性酒，以及由土豆或薯类蒸馏出的伏特加酒上。应该说，从酒的种类来看，欧洲的酒远比华夏的酒多元多样，因为欧洲是由更多不同的民族构成的。欧洲造酒的业主许多都是家族企业，世代相传，没有像近现代中国那样有过那么多次翻天覆地的革命、战争和社会运动，把家族内部延续的传统和小地区特色等的积累打断了，打断以后就非常不一样了。在欧洲，像法国、意大利和西班牙，有一些葡萄酒酒庄，都是先前王公贵族遗留下来的。无论现在是由本家族经营还是被有钱有知识的投资者接手，他们都不敢坏了私有财产的名牌，那是多少年多少代精心呵护下形成的无形资产呐。一个国家要想自己的酒传统不衰败，必须有极严格的对于代表性产品声誉的保障。像法国、意大利、澳大利亚、美国这些葡萄酒大国，人家对名酒的牌子珍惜得不得了！同样是那个厂，同样是那个地方产的葡萄，同样是那个师傅酿造的酒，如果哪一年造出来的酒，即使一切都用了酿酒师觉得好的成分，但由于某些自然和偶然的因素，那个酒还到不了那么好的水准的话，它就不打那个第一等的牌子。它就打本酒庄次等、副级产品的牌子去卖，价钱要便宜得多，有时便宜十倍！为了保持声誉，它就是不打原来的那个最好的牌子，宁可损失第一等牌子的高利润。在日本，有几种手工酿制的上等清酒，属于超级“纯米大吟酿”档次，大部分时候是供不应求的。清酒是越新鲜越好，你要想饮到这几种上等清酒，就得提前预订，排队等候。尽管一瓶难得，酿酒厂家就是严守传统技艺，不粗制滥造，不搞联营或易地生产，不随意增加产量。这种高瞻远虑、百年长跑的做法，真是与咱们这些年来一些司空见惯的短期商业行为天差地别！二十一世纪初我在互联网上读到一条英文新闻，说的是原“秦池大曲”公司的老总或投资者，他的操作和反省成了一家美国商学院有关中国商业课程的典型案例教材。那一年“秦池大曲”投中了中央电视台商业广告的大标，成了“标王”，名声大振。一时销路飞升，酒厂供不应求，于是到处收购白酒，不问品质如何，装进秦池大曲的瓶子就卖出去（我在云南省的一个边境小镇上买到过，一股淡水味，远不如在这个小镇上买到的、王羲之老家出的双囍牌农村白酒）。没过多久，这家公司就把自己的牌子给砸了，再也没有爬起来。

酿酒的“旧世界”欧洲大陆和英国、爱尔兰，酿酒的“新世界”澳大利亚、北美洲、南美洲（主要是智利和阿根廷）、新西兰、南非，在造酒这门艺术兼产业的领域里，能够提供既丰富又久经考验的操作和监管经验，值得咱们中国的酿酒行业借鉴。再加上中国的东邻日本，比如华夏区域最古老的黄酒，日本人引进以后，改进酿造技术，使得黄酒酒体更纯粹了，成了“清酒”。中国酿造的黄酒还没有严格意义上的“干”（dry）型，没有把糖分去掉，让酒口感变得清冽脆爽而且更加健康。日本的清酒就分为“干”“半干”等四类，越“干”的清酒就越能在非日本人的广大饮者群里卖出好价钱，就像西方的干白葡萄酒一样。日本清酒在国际市场上的高品位、高价位，是它的老祖宗中国黄酒比不上的。

严格控制品质以保住本国美酒的品牌的做法，可以总结出几条道道来，包括上面提到的私有产权保障，同一酒庄产品的正牌、副牌，一等、次等分类。此外，必须建立酿酒行业内部互相品鉴和检举督察的规则，设置不受酒厂酒商赞助的独立品酒机构并出具不受官商控制的消费者协会年度公开报告（其中的食品分册有对酒的年度抽查评鉴结论和购买建议），大大提升对制造和行销假酒劣酒的个人及厂商的罚款额，制定类似于集体诉讼和索赔的消费者权益法。第一步，至少要规定任何酒类商品，其真实出产地必须标明，易地生产的名牌酒不能伪装成原地生产的，因为酒的“本土性”实在是太关键了！1990年以前，国内对这一点把关是比较严格的。比如，二十世纪七十年代完全按照酿造茅台酒的方法在遵义酿造的“珍酒”，尽管品质上乘，酱香十足，普通人喝不出彼此，它也没有打“茅台型酒”或任何与茅台镇酒厂攀亲戚的招牌。当年了解珍酒来历和品质的饮者，都尊称它为“易地茅台”。新千禧年前夕我费劲费钞搜集来的八箱二十世纪八十年代初期酿造的珍酒，珍贵透顶，我每年只舍得拿出四五瓶悄悄欣赏，把门窗关起来，不让幽幽的酱香流失出去。

随着民众对健康的关注和生活习惯的变化，烈性白酒在中国的消费量只会持续下降，这符合全球酒市场的大趋势。但是，无论怎么样，总有一部分国人爱饮中国传统型白酒；而且还有一些场合必须要有中国传统型白酒衬托气氛。我们因此要把它当作电脑时代的“书法艺术”一样去珍惜，使它不要失了古典的凝重风味。若没有我以上所讲的那些道道——它们是制度性的保障——有着上千年历史的中国白酒传统，用不着几代人的时间，就会给糟蹋得所剩无几，惨不忍睹。不过，到了那个时候，我已经去了另外一个世界了。只是我的微不足道的灵魂，会跟随在历代酒仙酒圣如李太白等大师的巨影之后，悲怆地、激愤地诅咒那些毁我“华夏酒统”的人，永不宽恕！

跋

酒的文化社会史漫步

忙了整整一个春节长假（外加寒假和几个周末），这本小书终于完稿了，还有一些话需向读者诸君交代一下，不然心里总有点不安。自从1993年夏秋之交笔者从美国回到中国，应邀做公开演讲或通识报告的时候，每当到了最后的“读者提问”阶段，我都会向听众们开诚布公：相对而言，我对两个领域里的知识或门道亲身体察了解得最多，一个是全世界稍微知名的那些大学（包括文理学院），另一个领域则要等到报告会结束、正式议程完了再告诉诸位。凡是在这两个领域里各位有什么问题尽管提出来，本人有问必答，绝不会讲一些空空洞洞、模模糊糊、清汤寡水的应景话。若是马上解答不了的，我回去后再考察追索，下次与各位有机会重逢时把自己的新近所获带过来，向大家做个交代。

坦诚说出来，除了“大学”这个话题之外，本人最了解也最爱谈论的另一个话题，就是全世界稍微有些知名度的酒，红葡萄酒、白葡萄酒、烈性酒、清酒、黄酒、果酒、啤酒、大麦酒，等等，不一而足。关于大学这个话题，如前面提及，北京大学出版社早先已经以高等级精档次出版了本人的一本演讲集《什么是世界一流大学？》，自从2004年12月出版以后一直非常受公众的欢迎，至今还有些陌不相识的年轻读者和研究者来函向出版社或笔者打听，什么时候会将此书重印再版发行。更有读者告诉我，他们买不到这本书，只能擅自复印。而关于酒，我却迟迟没有在中国出版过任何一本书，直到如今为止。这其中的原因并不是没有人曾对这样的书怀有浓烈的兴趣，恰恰相反，仅就出版界和传媒界而言，我大而化之地回顾一下略数大半圈，就有好几拨热心人士 —— 男士女士皆有 —— 催促过我要在内地出版这样的一本书。最值得提及的以下诸位，不但反复鼓励过我，也实实在在地做过安排或帮助，使得我的这类酒文字有机会偶尔露一下峥嵘。首先是林载爵，他是中国大陆之外最受尊重的传统型中文出版社联经出版公司

（总部位于台北市，在全球多处地方有作业点）的发行人及前任总编辑。记得是1996—1997学年期间，他率领太太和旧友、台湾知名经济学家及作家瞿宛文“妇夫”一行访问澳大利亚首都，曾当着所有人的面告诫我：不要专心只写在西方混饭吃的那类技术性英语论文，也得花点心思留下一些中文读者最感兴趣的真情文字。另一位台湾左翼学者钱永祥（笔者的海外知识界朋友中，左翼人士占了一半以上，包括本书自序里念及的那位意大利军事社会学家）也提过相同的建议，措辞甚至更猛烈一些，因为他是蒙古人血统而且特爱酒（难道有不爱酒的蒙古人吗？）。于是我就努力了一番，拜托林载爵所工作的出版公司印行了一本薄薄的回忆录《液体的回忆》（2004年5月版）。其中只有很小一部分是关于酒的，当时写不出更多的篇章，仍然要归咎于被西方竞争激烈的职业市场重担压榨，无暇放任自流、尽情挥笔作潇洒的酒文。

三年之后我又返回香港高校任职，其时中国内地已经有两大经济社会发展新趋势，令我的那些有关世界各地美酒的文字增添了与内地读者非持续（偶尔为之）亲切会面的机会。一是由于中国经济的高速增长，越来越多的居民有钱到西方观光或出差公干，亲口接触到西方的美酒。二是信息技术的普及，令内地媒体从业者可以时不时地通过跨境长途电话采访，记录我的口述酒情酒事，发表在知名媒体的专栏上。按发表时间循序，主要有龙希成博士做的几期专栏（载于《南方周末》和《21世纪经济报道》）；黄惊涛博士和严晓霖女士小团队做的精彩系列（载于《南方周末》旗下的《名牌》和《精英》杂志）；高嵩和王燕达伉俪为贵州年度美酒博览会所做的两期特稿（载于《贵阳晚报》副刊）；以时间挚友兼东西方美酒知音为导演的团队做的“中国美酒之乡行”电视节目规划和媒体报道（佐以《华人世界》杂志张惠玲女士专稿）；魏甫华研究员和胡洪侠主编协调、黄丽萍女士主持的深圳市关山月美术馆“四方沙龙”学术讲座系列（佐以《深圳商报》谢晨星先生专稿和《深圳特区报》梁婷女士专稿）；以及由宋欣先生等编导、窦文涛先生主持的凤凰卫视《锵锵三人行》和《园桌派》的电视节目。前面已经说明，徐茜和刘明明统筹、兰馨月操作的深圳《游遍天下》月刊的专栏系列，乃是所有中国内地报刊里面我所讲述的美酒文化史和各类酒的社会史之最丰盛的成果，对这本小书的帮助最为实在。我和时间挚友加知音一起漫步中国酒乡的体验——从地图上的“酒葫芦”尖尖四川达州一路走到“酒葫芦”尾巴贵州安顺，其中的好奇、尽兴和惊喜，只有纪录片才能予以足味的呈现，真希望他这样的老辣电视导演在不太晚之前，有作品系列问世。

另有两位传媒界的前任主管和主笔，也曾鞭策过笔者。一位是《南方周末》的向熹博士，他早年建议笔者在他的报纸副刊上开辟一个栏目，讲酒讲菜，讲出其中的华夏三千年古风绝招为什么很少流传至今。还有一位是青少年时代隶属上海市作家协会、后来在英国长期做主流媒体专栏资深编辑的稽伟女士。她读了笔者的第二本回忆录之后，感触良多，于是深信丁某人有讲故事的古风本领，破例用中文发函给我（她此前很多年与笔者的专业交流都是用英文）:“酒仙这么喜欢酒，写本关于酒的书吧。你对事物的透彻分析和独到见解，不仅让你在剖析政治和社会问题时入木‘九’（酒）分，而且相信在评述包括酒在内的人生问题上，也定会让无数英雄竞折腰。”可惜的是，由于两位年轻才女突然离开传媒机构，我一直难以向以上督促我的各位尽早交出文稿。这两位才女是我 1993 年从美国回到亚洲以后，先是有缘被采访、进而合作做专栏的最佳写手：一位是严晓霖，另一位是曾经供职广州《南风窗》半月刊和《同舟共进》月刊的曾东萍。像她们二位那样文笔一流又那么谦和尽职的青年媒体人，你遇上了真是你的特大幸运。她们先后被金融业和商业大公司挖走，后来甚至联系不上，我的口述酒史酒情便失去了及时出头之日。

再次宣示，呈现在读者眼前的这本书，并不是就酒谈酒、把酒只当作喝进肠胃里的物质对象，而是在文化史、社会史里随酒而行的考察记录和心得。在这方面，笔者长年的内心“正能量”有点类似于二十世纪上半叶一位极受敬重的欧洲文化史学者的自我定位。荷兰的赫伊津哈教授（Johan Huizinga，1872—1945，第二次世界大战即将完结时被德国纳粹当作人质处决）在解释他为什么如此看重人类文明中“游戏”的意义时，回顾了自己六岁那年“与历史的第一次接触”：那一年在他出生的格罗宁根市举行了一场露天表演，展现的是公元1506年爱德沙德伯爵进入该市的仪式。“表演中出现了一支游行队伍，彩旗迎风招展，伯爵大人身着闪光的盔甲，这场面对一个六岁的小孩来说，真是从未见过的最美的东西。那是表演中的历史和作为表演的历史。”赫伊津哈把历史对他不断产生的魅力描述为“一种执迷，一个孩提时代的梦”，而不是一种智慧的兴趣，也即不是一种纯然理性的心智过程[①]。阁下若是已经把这本书用心读过，便能够切实感受到，笔者如此这般地考察酒和讲述酒，也是源自孩提时代的一种执迷，而非出于智慧的抽象兴趣。

笔者孩提时代的那一执迷，归根于李太白。

2019年3月29日稿成于

滴水边城 涌泉书屋 忘年窗台

① 笔者参阅英文译本和中文译本《游戏的人》而引用；中译本是中国美术学院出版社于1996年10月出版的，译文摘自第265页。

注　释

i　丁学良按：在原专栏之尾，编辑兰馨月加了一段编后感，也是与读者的交谈——“在听丁学良教授讲这些故事时，我的面前总仿佛有一扇扇门，它们随着丁教授的讲述被一一推开，有时门后是亚平宁半岛的夕阳，有时是金字塔里的陶罐，有时则是古时神圣的祭典。似乎很难将这些令人向往的画面结合起来，然而在丁教授的那些关于酒的故事里，它们统统被这神奇的液体串起。所以，如果可以，请持一杯佳酿读这些故事，透过杯中物，你必定会更加真切地看到古往今来最辉煌、最伟大的这一切酒文明。”

ii　编辑兰馨月：“如果在这次与丁学良教授通电话前我接触到本次专栏的主角——那本‘文化大革命’期间陕西出土文物画册，想必它也只是在我的手间被随意翻翻，对其中的珍奇美物，我或许除了发几声赞叹，不会有其他的反应。然而丁教授视这画册为珍宝，于是我也有幸从丁教授处得到此册的复印本。好好将其珍藏，同时期待着跟随丁教授，了解更多更美妙的关于酒的一切。”

iii　编辑兰馨月：“九篇专栏，两万余文字（丁按：是指原来的篇幅，专栏每期字数是确定的，只得切割掉一些血肉相连的故事片段，留作本书成稿时再补充进来，现在的字数增加了将近一倍），才总算是把文明中的酒讲了个大概，这还是丁学良教授精挑细选的几个重要文明的重要时期的酒故事。而想到即将开始的酒本身的那些故事和配酒之食的讲究，便似有迷人酒香悠扬飘来；我嗅着这香气，眼前尽是色泽亮丽的杯杯红葡萄酒、白葡萄酒，抑或充满热情力量的黑啤，等等，已然开始期待丁学良教授为我们展开新的美丽篇章。”

iv　编辑兰馨月：“带着美酒的醇香，丁学良教授从他的故乡迈步，领我们循着酒香启程，去游遍天下，告诉我们美酒之外的那些人那些事。而我们终于明白，原来酒不仅仅是饮品，如果你热爱它，那么它便是串起全世界的纽带。”

v　编辑兰馨月：“本职身份是社会科学学科的大学老师的丁学良，他在酒文化方面的造诣，已经真真切切地为我们所感知。不少出版人找到丁教授，表示希望为他出版酒文化的书籍，为本职工作成天忙碌的丁教授都未敢应允。然而他仍在百忙中继续着这个专栏，对每次出品皆用心至极。收到这篇修改后的专栏文章时，已是临近春节；为及时成就此篇，丁教授几乎彻夜未眠，但很乐意这么做。”

vi　编辑兰馨月：“从第一次紧张地通过电话聆听，而后整理出丁教授的专栏到现在，已经一年有余。在一次次整理文字、沉醉在他的故事里之外，蓦然回首，自己在行文上也受益匪浅。丁教授的‘皖南普通话’离标准的普通话距离不小，但他的中文是朴实又活泼的；虽然离开中国本土几十年了，其言语中醇厚民风犹在。”

vii　编辑兰馨月:“今天读至本文的末尾，我尤其也想去喝一杯，喝啥？当然是咱们的‘国酒’米酒，甜甜的味道，勾起甜甜的年少记忆。”

viii　编辑兰馨月:“丁教授在电子邮件里告诉我，在修订这篇专栏的时候，他破例开了罐——是个方形的白瓷罐——1976年酿造的贵州老牌子酱香酒‘黔春酒’。虽然酒香四溢，自然还是比不上那坛出现在他寻酒故事中、然而无缘尝到的藏于沉船底仓、酿于万历年间的老春酒嫡系后裔……”

ix　编辑兰馨月:“五一劳动节前夕喝了一顿记忆犹新的酒，红葡萄酒，虽然不是顶级却也不差。可喝的方式嘛，别说醒酒了，连红酒杯都没准备，只能用普通的喝水喝软饮的高瘦玻璃杯替代。周边的好汉们喝起葡萄酒来像是喝凉茶，只有我自己小口小口地品着。编辑这个酒文明专栏，多少学到一点实用的知识。那顿红酒的口感是酸涩的，应该是正宗的葡萄酒。”

x　编辑兰馨月:“这下算是‘蹭’上了丁老师的‘纪念迈出国门三十周年’小型庆祝活动。在完成这篇专栏的过程中，他狠下一条心，开了一瓶二十多年前原装出口的上釉瓷瓶双沟大曲；边品着老风格美酒，边忆及往昔步行于安徽江苏两省交界处觅酒的少年时光。”

xi　编辑兰馨月："能有几个人会像当年的丁同学这样，身为早期出国的留学生压力巨大，拿着那所大学的最高档次奖学金，却还时刻不忘记'觅酒'这一门副牌专业，而且还有着从最普通的酒喝起的颇为严谨的学习态度？所以，丁教授亲手炮制的这个酒文明专栏，也是不俗不枯不腻不凡的。"

xii　按照原来的六年合作计划——该计划得到杂志社负责人徐茜和刘明明的全力支持——我和《游遍天下》月刊的资深编辑兰馨月的口述故事将持续进展，以下面的文字为底本，加进许多骨干的内容和蔓延的细节，最终成为一套系列文化产品。除了文字版本的月刊专栏和一到两册图文互相衬托的图书以外，还要制作多媒体发行物。可惜这个美丽的计划只从 2012 年 9 月延续到 2014 年年底；该年一结束，那份好看的纸版杂志就暂时退休了。以下的文字是当年《南方周末》和《21 世纪经济报道》的资深编辑龙希成博士与我口述合作的（详见本书"跋"中的回顾）；他是做哲学研究的，所以经常发问，较真考究，文风也以逻辑性强为特色，和兰馨月的温馨风格有别。因为我实在挤不出更多的时间按原计划铺成寰球酒统的蜿蜒大道小径，只能对龙博士和我的口述短稿——当年我口述，他记录，我稍加修订——暂时作不够尽兴的充实，呈现给读者诸君以下的章节。但愿有朝一日《游遍天下》杂志复刊，我们再重整行装，继续小小寰球上寻觅美酒的无尽征程。

惟有饮者留其名[1]

在香港我很少到外面去喝酒，因为到外面去喝酒，很难喝到陈年的酒。香港地方太小、房租昂贵，酒的经营者出不起那么多的经费租用那么大的储藏室来陈放足够多的葡萄酒，让它们躺在那儿熬年份。香港的天气潮湿且闷热，喝酒必须要在一个温度不高且不是很潮湿的地方享受。

我长年住在一个半岛上，放眼看出去很不像香港，因为远离人群聚集的闹市区。喝酒时，我会打开空调，然后面朝大海，选一张自己喜欢的古典音乐唱片，再拿一本好书或好杂志，就着下午两三点钟的时光，一直喝到五点钟左右。开心的日子，不知不觉一瓶葡萄酒就被喝掉了。

---

① 本篇口述原刊发于《贵阳晚报》2012年9月9日特刊“将进酒”，为配合2012年9月9日开幕的第二届中国（贵州）国际酒类博览会所作。由《贵阳晚报》副刊版主编王燕达女士采访、编辑而成。

如果遇到比较重要的日子，我会打开一瓶称得上稀有的酒，这样的酒市面上通常买不到了。比如一瓶二十世纪八十年代产的贵州习水大曲，现在市场上根本买不到这样品质的酒。由于时间久远，这种酒的瓶子上都长“酒瘤子”了。

在我眼里，李白是中国历史上到现在为止最伟大的诗人，这个很少有人有争议。

在我心中，李白是中国历史上到现在为止最自由的灵魂，这个很多人不一定很在意，我却很在意。李白这个最伟大的诗人和最自由的灵魂，表现在好几个方面，在我看起来最重要的一个方面就是他跟酒的关系。

李白关于喝酒的诗举不胜举，我印象最深刻的一句是——古来圣贤皆寂寞，惟有饮者留其名。

如果再过几百年，未来的中国人再回过头来记载当今的时代——即从二十世纪八十年代初期到现在为止——中国的“饮者”群，我相信一定会有“留其名”的单个饮者。

为什么能留其名？倒不一定是这些人在文学上的成就能与中国历史上任何一个时代的名家相比——现在的中国

人，已和古代的中国人不一样了，现在已不再是从三四岁启蒙后便要学习古典诗词的时代。

假如我的灵魂还能够活在未来，不管是活在 100 年、200 年还是 300 年后，我在记录当今饮者时，一定会用一个很朴实、很平淡的语句来描绘当今中国的饮者 —— 当今饮者真可怜。

何以见得？让我一一道来。

葡萄酒，是现在中国最热门的酒品之一。过去三年中，中国已经成为全世界进口葡萄酒增长最快的市场，虽然总量还比不上那些老牌的葡萄酒消费国。

在中国内地喝酒，喝烈性洋酒和葡萄酒是常事。但是，不管是在什么场合喝进口葡萄酒，酒一上桌，对我来讲就往往是痛苦的经历。

我痛苦是因为我了解酒，而请我喝酒的人，他们当中很少有人具有这个意识。

中国人很讲究交情和面子。那些摆上桌的葡萄酒，包装漂亮得不得了，价钱也贵得了不得。这些葡萄酒，无论是从哪个国家进口的，一问在国内市场上的价钱，我就替酒客们感到可怜可惜。因为只要离开了中国内地，就可以拿三分之一到四分之一的价格买到喝到同样品质的外国原产葡萄酒。

为什么会这样？仅以进口税率高这一理由，无法解释中国市场上进口葡萄酒的价格为什么昂贵得如此离谱。背后的道理也不太复杂，一是牵扯到市场欺诈，二是中国饮者大众中，懂国际葡萄酒市场行情的人实在太少，很容易被忽悠。

对葡萄酒的一项重要的鉴别力，是要知道什么样的葡萄酒大概是什么价位，什么样的葡萄酒在国际市场上有什么样的评判状况，什么样的葡萄酒配什么样的菜，什么样的酒要在什么样的气候或什么样的节气喝最佳，什么样的酒要配什么样的杯子，等等。

从饮者的角度看，这是很漫长的学习过程，也就是文化修养过程，是最基本的实践经验储备。

再说说啤酒吧。我以前在美国时，很喜欢那些本土酒匠以手工酿制的传统风格啤酒，英文叫Great Small Beers。Great是伟大，Small是小；Great是说它的品质，Small是说它的产量。喝过了美国本土产的Great Small Beers，我马上觉得美国市场上百分之九十的大众啤酒都没什么意思。

但如果和欧洲人的特色啤酒相比，美国的Great Small Beers则只能算是中档酒精饮料。美国当地人告诉我，美国以前是清教徒的国家，曾长期禁酒，于是就有地下酿制的私酒。后来，禁酒令解除了，但对啤酒酿制还是有限制：酒不能太浓，否则容易让人喝上瘾，导致道德堕落，周末不去教堂，喝醉了打老婆、打孩子，并把发的工资拿来买酒，破坏家庭生计。

美国产的绝大多数啤酒，在欧洲是进不了像样的酒吧的。因为它们与欧洲本土啤酒相比，不地道、不够格，平淡无味。

几年前，我回北京在清华大学和几个朋友聊啤酒时说，你们喝的这些啤酒，用的原料不是大麦小麦，没有麦香味，它们是大米酿的，喝到嘴里以后有甜不拉叽的味道。朋友们一下就愣住了，还有这个区别呢！接着，他们仔细看了一下酒瓶后面的标签说明，果然，成分主要是大米。大米酿造的啤酒，成本较低，颜色也还可以，淡的金黄色，但没有收尾爽的味道。

在欧洲，只要酿造啤酒，主要原料必须是大麦小麦，不能用其他的原料。这显然不仅仅是出于价格因素，更是出于对老传统的维系。在中国，只要有机会，我就带欧洲产的老牌啤酒给朋友们喝，虽然价格比国内贵二三成，但口感可是天壤之别。这种啤酒只要一打开，房间里马上就有一股麦香。

对那些不正宗的非麦原料制的啤酒，我也不会浪费。在云贵川滇吃火锅时，我让服务员不要往火锅里放水，而是要两瓶啤酒，然后把啤酒打开倒进里面去。它们只能这么用，这是对它们最好的待遇。

我实在是忘不了欧洲的老牌啤酒。哪怕喝上两三个小时，都会觉得非常舒服。那种麦香味，那种令口腔上部都能充分感受到的酒本身的细腻悠久香味，感觉太不一样了！

再说说咱们的白酒。在中国所有著名的白酒的瓶子后面都会有广告词：中国的白酒是世界上三大蒸馏酒中的一项，是伟大的传统。中国过去的三十年来，传统白酒的遭遇，就和中国古迹的遭遇差不多。那么多地方把真正的古迹毁了，然后“造假”古迹。

我在海外喝的中国内地产的白酒，有两个来源。一是具有特殊身份的人士赠送给我的珍藏品，二是我在二十世纪九十年代初期搜罗来的，这个需要花很多功夫。我搜酒有个基本标准，即最好是二十世纪九十年代初及以前酿制的酒。在海外，秘诀是找到当年酒出口进口的海关的关封。我目前在海外喝的中国白酒，绝大部分都是当年经过香港海关“打印”的那些酒。

至于怎么弄到这些酒，是我的秘密，不能说。

这些白酒，包装都很普通，但只要瓶口没坏，往杯子里一倒，整个房间里面就会有特别的香味。如果是贵州出来的老牌子酒，就有酱香的复合味道；如果是四川出来的，就有浓香的澎湃味道；如果是山西出来的，就有清香的爽朗味道；如果是湖南出来的，就有糯米香的诱人味道。

我曾经喝过一瓶 1982 年出口的贵州珍酒。酒往杯子里一倒，是琥珀色，淡淡的，黄黄的，整个屋子里有一股多源香味。酒喝过以后，杯子我还舍不得洗，而是用一点清茶把它晃一晃，第二天早上起来，闻这个杯子照样有一股酱香味。

今年春节，我打开一瓶 1980 年产的“黔春”，瓶子是方形的白瓷。一启封，家里人都傻眼了，怎么这么香？我们家的屋子很大，可香味两三天都没有全消失。

这更需要饮者懂酒了。说实话，我是以一种抢救中国文化遗产的心态来搜集那些老酒的。

1986 年，我曾在北京最大的百货商店淘到五瓶卖剩下的贵州安酒，味道好得让你不敢相信。

茅台、安酒、怀酒、珍酒、习水大曲、黔春、湄窖、鸭溪窖，我搜罗了多少老牌子酒啊。中国大部分的省份都产白酒，贵州、四川这样的产酒大省，有特色的酒有七八种，安徽、江苏、陕西、湖南这些省份，好酒可能有三四种——那些形形色色的地方优质酒，每一瓶酒都有它的特色，你喝了以后就知道，这一小杯跟上一杯不一样。

我们中国伟大的白酒传统就体现在这种百花齐放、争奇斗艳之上。我对酒是那么敬重，因为好酒就是艺术品。现在，很多老酒的传统都不在了，我为此感到悲哀，非常非常悲哀。

今天，中国饮者的口袋里有了更多的钱。相较而言，以前的中国内地，尽管贫困，但有一点我觉得很值得珍惜，就是在那样穷困的情况下，很多酿酒企业仍然按照中国传统的办法酿酒。所谓手艺，英文是 Craft，源自一种传统，非常怕被糟蹋。

我收藏的中国老牌子白酒，还有六十多种。有的只有一瓶，有的只有半瓶。为什么要留着？就是要给中国早年那些伟大的艺术品，留下一点点记忆。

在香港这个地方，喝酒也不是特别有趣，因为本地人大多数不善饮。但这里有个好处，就是最近两年取消了葡萄酒进口税。只要你对葡萄酒很懂，即便不是富翁，花个二三百块港币，就能买到体质非常丰富的葡萄酒。

这就是我每天自己喝的档次，不过在二三百块到七八百块港币之间。超过五百块一瓶的，我会特别慎重。这些进口酒拿到内地，我可以保证，价格后面加一个0恐怕也不止。

我基本上不会重复地喝一种酒，因为我把喝酒当作学习，我把好的酒当作艺术品。你多喝一种不同的好酒，就是多欣赏一件艺术品。

与食俱进：酱香黔酒配菜的“味”与“道”[①]

对于黔酒与美食的关系，首先有一点要讲清楚，中国传统的白酒大多以烈性酒也就是蒸馏酒为主。烈性酒在中国境内尤其是在贵州等地方是大众消费的主流，比如茅台酒，以前的习水大曲，酒精度都是在53° 到55° 之间，更早时期这类烈性酒度数更高。酒的度数高，气味浓烈澎湃，入口后劲道强大、来势凶猛、压倒一切。基于这个原因，在中国民间，对于什么酒配什么菜，原本是不太挑剔的。

在西方酒的传统中，配菜的要求就非常不一样。就以西方最重要的中产阶层消费的酒类品种葡萄酒为例，分

---

① 本篇口述原刊发于《贵阳晚报》2013 年 9 月 9 日特刊，为配合 2013 年 9 月 9 日开幕的第三届中国（贵州）国际酒类博览会所作。由《贵阳晚报》副刊版主编王燕达女士电话采访、编辑而成。

类就细致得多，度数在 11° 到 12° 的葡萄酒，英文叫 light wine，也就是轻度葡萄酒。欧洲老传统的葡萄酒多是在 12.5° 到 13.5° 之间。在澳大利亚、美国等新世界产的葡萄酒，酒精度会高一点，但也只在 14° 或稍高一点点，称为 medium to full-bodied；有些堪称香气充沛强劲。

西方葡萄酒的度数比较低，好葡萄酒在味觉上的复杂细腻程度跟中国白酒很不一样，如果不是经常饮，很难体会到它们的诱人之处。我每天都喝一点葡萄酒，平常三分之一瓶或半瓶，偶尔是一整瓶。如果是陈年的好酒，在喝之前我会多费心思考虑一些细节，生怕把酒里那种复杂、细腻、独特的感觉浪费掉。香港大半年潮湿闷热，湿度高气温高会破坏葡萄酒的口感，房间里的温度是首要考虑的。如果同座宴饮者有女士，她们身上的香水、化妆品味道太浓的话，也会破坏鉴赏娇贵葡萄酒的感觉。另外，房间里装修的材料也不可忽略，不能化学品气味浓浓。

把外部的因素通盘考虑完后，才是酒与菜搭配的问题。在西方的酒食文化中，菜只是一个配角，葡萄酒才是主角，毕竟酒要比菜贵很多，而且特别年份的好酒难觅。只有理解了这一层意义，我们才能设想中国的白酒，特别是贵州产的最好的这些白酒，应该配什么菜的问题。

我们都知道，中国白酒在历史上经历过四次重要的演变。最初是未放任何香料的蒸馏酒，如土烧酒。随后出现了清香酒，接着又诞生了浓香酒、兼香酒，直到第四阶段的酱香酒。贵州酒最了不起的就是酱香的工艺传统。贵州产的白酒，除了农村自酿的土烧酒以外，皆可分为两大类——浓香与酱香；董酒严格意义上来说，不能归入这两类酒里，它是药味特色酒。

如果是喝浓香酒，配什么菜是没多大区别的。能吃辣的人可以配辣的菜，喜吃甜的人可以配甜的菜，无论什么味道的菜，它们都打不过浓香烈酒的，这种酒入口以后，其他的味道就“全部投降”了。对我而言，我是不会去喝贵州产的浓香酒的，毕竟这类酒最普及，四川、安徽、江苏、河南、陕西、湖北、湖南也都在酿造，大多数缺乏独特性。传统酱香酒的味道是中国白酒中最为复杂且多层次的，在我看来，配菜讲究一点总归更对得起好酒，也更对得起自己和酒友。

黔产酱香酒配菜，一个最简单的挑选法便是，一个地方出的酒就配当地特色的土菜，它们之间的搭配一般是很契合的。我主要想讲的一点是，贵州产的酱香好酒配什么“外菜”的问题。

首先推荐的是一条上好的鲜鱼。鱼的做法很多，而且做鱼做得好的地方也多。在粤菜系列中，一条非常好的清蒸鱼，或者是潮州菜中的“冷鱼”（潮州话叫“打冷”），配贵州酱香酒都是首选。这种鱼本身没有加很重的调料，吃到嘴里时，稍微有点自然的甜味。总之，太辣或太咸的鱼的做法都会影响酱香酒在口中收尾的感觉，把酒的悠悠余香和余味给“杀”住了。

除此以外，西方菜里面也有两三样非常适合配贵州酱香酒。比如说三文鱼，有两种三文鱼做法也能把酱香口感中的层次调动出来，显现其特色。一种做法是，三文鱼从海上捞出来切割后，迅速烟熏一下，上面撒上一点点海盐或是香草末。这种鱼一般都是在大酒店作为冷盘头牌的，吃的时候，淋一点柠檬汁，用这个菜配贵州酱香酒，在我看来就是人间美味；菜价也不是很昂贵。

另外一种做法是三文鱼排，这道菜是完全可以自己加工的。买来三文鱼的中段，尤其以挪威、澳大利亚、新西兰这几个产地的为佳。它们靠近北极和南极，产的冷水鱼肉质特别细腻，有韧性而且颜色好看，做出来的味道特别香。鱼排的做法也不复杂，选一寸左右的三文鱼中段，不能太厚。先把冷冻的鱼洗净，不用去皮（去皮后肉会散掉），用海盐抹匀鱼身，最好用粗盐，放到冰箱中腌半小时到一小时，再用清水洗掉鱼排表面的盐。注意，盐挤压出来的鱼脂，也就是一摊红红的液体，最好保留，那个吃了对心脏很好，甚至比售卖的深海鱼油的效果还要好。在平底锅底放一点点蔬菜油，也可以不放油。把鱼放到锅里，加料酒漫过鱼身——最好用绍兴黄酒，用锅盖盖住，最小火煎5到10分钟后翻面。煎的时候鱼排起先会出油，当油又被鱼肉吸收回去时，马上关火焖上半分钟到一分钟，这期间也可以加一点新鲜西红柿的汁。盛进菜盘时滴点柠檬汁或放点香草干末，或是滴少许生抽、苹果醋。

当然，日本运来的醋鱼也是不错的选择。

假如不喜欢吃鱼，还有些“外菜”在我看来用来配贵州产酱香酒也是无与伦比的。一种是粤菜当中的烧鹅，另一种是安徽和江苏一带的醉鸡。西方菜系中，非鱼类的菜品可以选择法国菜中较知名的烟熏鸭胸、德国的小香肠。还有一种搭配也是非常好的，但缺点是价格昂贵，那就是产自西班牙或意大利的生火腿肉，这个食材在香港也只在极少数专门店里出售，一般是50克起售，顶级的要几百港元。其实，淮盐焗的花生米，烤得中等火候的土豆片或者老玉米，也是不错的酒食搭配，便宜又好吃，但不能吃得太多。

如果你是素食主义者，中国菜系中的豆制品是不错的选择，比如“千张”（北方称为豆腐皮，南方也叫百叶）、卤豆腐干、烟熏干、腐竹、烤麸等做的菜，都是可以搭配好的酱香酒的，但前提是炒菜不要放味精，一定要用好食材，自然鲜。在西方菜品里，干奶酪，也即“起司”，尤其是羊奶做的软起司，也能把贵州酱香酒中的味道调动出来。但不能吃太多，多则败胃。西方人喝烈性酒的时候，一般都先吃点起司“打底”，这其实是一种讲究健康、养生的做法，起司进入肠胃后，会在胃壁上形成一层保护膜，能够让胃免受酒精的猛烈刺激。

假如你能吃生食，生鱼片生牛肉都是配贵州酱香酒的高档选择。生牛肉做得最好的是韩国和日本，这种生肉吃到嘴里时，感觉绵软细腻，也可以不用牙咬，一口酒干，立刻将生肉咽进肚子里去。我吃过最恐怖的生牛肉，是埃塞俄比亚的生牛肉，到底有多恐怖呢，你只有到了那个地方才能体会得到。吃生食务必吃些紫皮的生洋葱。

最后说些题外话，喝好的贵州酱香酒时不要糟蹋它们。我经常看到酒席上有人喝茅台酒，喝一杯之后马上就喝一口水，一方面我为他难受，另一方面我更为酒难受，这不是品酒，这是在折磨爱酒的旁观者。他喝酒的目的无非是和别人干杯拼比！酿一坛酱香好酒费料费工费时，饮者要懂得珍惜。遇到这种以白开水冲刷优质酱香酒的人，不如劝他干脆用胃管直接将下等烈酒灌进胃里。

丁学良：怀着敬意喝酒[①]

“中国刚起步的中产阶级要想懂得葡萄酒，老实说，对不起，还早着呢。”

人们眼中的丁学良，快人快语，喜欢针砭时弊，是个

① 本文采访于2007年11月，刊发于2007年12月《财富生活》杂志（现名《财智生活》，招商银行贵宾客户专属刊物），《华声报》转载。采访者为特约记者张女士，访谈地点为中国政法大学海淀校区（位于北京市海淀区西土城路25号）的教师楼宿舍。那两年多里笔者作为卡内基国际和平基金会驻北京代表负责协调全球化研究项目，兼任中国政法大学客座教授和校发展规划委员会顾问。采访时恰逢北京奥运会开幕之前。因为其时许多单位要举办酒会招待外宾，又不太有经验（指经手采购进口酒和酒会上的配菜及服务），所以在香港读过研究生的特约记者张女士专程来北京采访我。她英语很好，文笔极佳。此篇采访是那几年就同一话题中国内地媒体对我一系列访谈中最准确传神的一篇。可惜我目前手头没有配以彩色照片的采访全文，这里只是摘要。

我当时有意通过这类采访提醒大家：在北京奥运会期间，国内单位招待外国贵宾时，要小心别把假冒伪劣的葡萄酒、威士忌、白兰地等拿出来。因为在我此前参加的国际聚会上，早就有西方记者提及这类事，说前一年在中国内地销售的大拉菲葡萄酒，已经超出了法国出口全世界的大拉菲酒总量！我近三年在深圳喝到的进口名牌葡萄酒，大多数是假的。（转下页）

不怎么安于书斋的知识分子。但许多人并不知道，他还是中国学术界数一数二的品酒者、选酒师。他对酒痴迷，怀有敬意，尤其爱喝红葡萄酒，他认为葡萄酒有生命，有灵魂，正如波德莱尔一首诗里写道：昨天晚上，酒的灵魂在酒瓶里唱歌。

走进丁学良在北京海淀区暂住的“据点”，听闻他爱酒之执着，原以为会看到满屋子陈列的好酒，进去之后却不免惊讶了，没有一瓶酒摆在面前，房间里也没有陈列酒的柜子。经他指点，原来空气里飘散的淡淡酒香，正是从面前那一堆乱七八糟的箱子、塑料袋里飘出来的。

他说：“酒是喝的，不是摆的，陈列出来干什么？我又

（接上页）特别难以淡忘的是，我2006年至2008年在海淀区西土城路居住的小三间套房，是时任中国政法大学校长徐显明教授特地为我购买的（起初我并不知情），让我这个客座教授免费居住。几年后我回到香港科技大学，该宿舍由新任校长黄进教授住（他是从武汉大学调任过来的，也是我的学界好友）。黄进在邀请我参加学术会议的长途电话里告诉我，当年徐校长专为我而购的住房是按照校长级别的标准，令我感怀不已！徐显明和黄进两位大学校长都认识香港科技大学创校一代的学术副校长孔宪铎教授，都读过他的《我的科大十年》（第一版由香港三联书店有限公司于2002年出版；增订版由北京大学出版社于2004年出版），也都奉行该书反复强调的办好大学的人事规则：“Recruit the best people and keep them happy！”（延聘一流人才，并且使得他们快乐！）

不做酒生意。”他拒绝把这些好酒陈列出来，哪怕至少摆整齐，恐怕也是防止被来访者索求。若是来访的人爱饮一杯又是好朋友，你咋办？

“他们知道，给我住的房子没有藏酒的地方是不行的。”丁学良乐呵呵地说，变魔术一样从地上的一堆“破烂”中间，拿出一瓶瓶毫不起眼的酒，然后念念有词：

这是二十世纪六十年代安徽酿造的老牌子酒，濉溪大曲，现在已经不产了。

这是酿酒师签了名的上等葡萄酒，从澳大利亚带过来的。

这是他们从保险柜里拿出来的茅台，不是什么人都可以喝到的，据说副部长以上的官员，每年也就能喝到一瓶。

这是南斯拉夫联邦原来下属的马其顿共和国产的葡萄酒，你看看这标签，这画儿，这个酒庄从远古时代就开始造酒了。

这是比利时的Chimay，全世界最顶级的大麦酿酒，有将近一千年的酿造技术了。

他不管我有没有听明白，满脸高兴地介绍，似乎正在与他对话的，不是我这个访谈者而是这些酒宝贝。

丁学良指点完他藏酒的地图之一角，抱臂站在面前的一排破箱子破口袋前方："你说我多幸福啊！我搜罗的酒可以喝三辈子。"

白酒和红酒，我只喝好酒

丁学良说："先要纠正一点，许多人说我爱喝红酒，其实我是爱喝好酒。什么叫好酒？最简单的定义，拿钱到店里买不到的优质酒就是好酒。"

他很小就喜欢喝酒，自启蒙念书时起，就发现凡是好的小说，一定有酒的文化在里面，东方西方都是这样。酒和一个地方的社会文明、风土变迁紧密相联，这幅画面在艺术上深深刺激了他，所以他很小的时候就已经在小说里、想象里喝酒了。

他第一次沾酒是七岁。那时候一年只有两种机会沾酒，一是过农历年，祭祖宗，磕头，吃年夜饭，哪怕五六岁的孩子，也要用筷子蘸着舔一点点。二是家里来了尊贵的客人，男孩子是要陪客的，家长也会让你喝一点点酒。可能因为不容易吧，他从小就觉得酒真是个好东西，每年只能喝到两三次。

第一次喝葡萄酒就很喜欢，丁学良觉得这可能有点先天因素，因为他的舌苔非常丰富。在欧洲喝大麦酒的时候，有人看了看他的舌苔就说，又厚又深，他先天就是个喝酒之人。爱喝酒应该还有生理、遗传的因素；他的母亲到现在，每天中午都还要喝一杯白酒。丁学良曾在安徽老家藏了些旧酒，母亲看着破破烂烂的以为不值钱，还请别人一起喝。他念念不忘，“我心疼啊，这都是二十世纪七十年代酿造的白酒啊，现在拿钱都买不到了！”

喝酒不能靠知识，要靠经历

现在有钱人多了，很多人依据价格来喝酒，这是最简单的事儿，丁学良称之为“有钱的傻瓜喝酒法”。这不是说人傻，是指在喝酒这方面傻。现在外面流行的教人喝酒的书，一看就明白，那都是从来不把喝酒当作头等享受的人写出来的。他们写的都是关于酒的知识，喝酒不能靠知识，要靠亲身经历。

他说:“许多人老问我，能不能教他们喝酒呢？我说要教你喝酒，你得有很多先决条件。”最重要的，得对酒有一种敬意。大部分喝酒的中国人都对酒没有敬意，他们买来珍贵的酒，不问这个酒要配什么菜，要在什么样的气氛下，用什么样的容器喝。什么都不管，拿着瓶子倒进杯子里就那么喝。或者为了表示自己有钱，那么珍贵的葡萄酒也跟喝啤酒一样喝法。

对好酒怀着一种敬意，就像对古典音乐一样，不能台上在演奏古典音乐，你在下面打喷嚏、讲手机、擤鼻涕。好酒是艺术品，人们可以各有所好，但对你不欣赏的好酒，不应该去糟蹋它。你不懂就把它敬放一边，留着给懂得它奥妙的人欣赏。艺术品千差万别，你对它们得有基本的敬意。

我的知音不多

“不多，真的不多。全国算下来，真正懂酒的也就那么几个人。”丁学良说，“绝大多数中国人都不会喝酒，不懂酒，包括喝中国产的酒都一样。在中国，大家普遍以两个标准来喝酒，一个是‘喝包装’，一个是‘喝价钱’。这是很悲哀的，这是中国在酒消费上，最严重、最致命的悲哀。”

许多人要丁学良讲如何品酒，他说在讲之前，必须得先讲十节基本课，文化素质、社会背景、历史信仰等，把这十课讲完了，才能真正进入怎么喝酒的层次。西方大学的人类学通识课程，一定有一门课是跟酒联系在一起的。古代的时候，酒是用来祭神、祭祖的，这是极为慎重的事情。尤其是人们饭都吃不饱，能够把粮食省下来酿酒，这是不得了的事情啊！酒是同人类的文明、文化一道发展起来的。文化有多古老，酒就有多古老。文明有多神圣，酒就有多神圣。

要讲酒，必须有一个基本的态度。有人问酒怎么买，丁学良觉得这好比买车，2 万美元一辆的车和 20 万美元一辆的车，孰好孰坏显而易见，这样粗糙的比较能有什么意义？只有在一个比较透明公正的市场上，给定一个价格，在这个价格档次之内，能找到最好的酒，那才是真本领。

中国的饮者在这点上还差得很远。在中国的酒市场上，买国外原装酒价钱贵，而且大部分是很差的酒。因为非常好的葡萄酒，每年产量很有限，不可能像中国那样的卖酒法，1992 年出产的葡萄酒，永远都卖不完。国外好的酒厂不敢干这种事情，不然会把牌子糟蹋掉了。

西方有些好的葡萄酒庄，如果当年气候不好，或者制作过程不是很理想，那一年卖的酒它就不打它的正牌，只打副牌，因为不敢糟蹋它的正牌子。品牌是和家族联系在一起的，西方著名的葡萄酒庄都是好几代人传下来的，如果把牌子糟蹋了，整个家族企业就完了。

酒不是一门功利的艺术

真正怀有敬意、考验真鉴赏力的喝酒什么样？拿一瓶酒出来，放在纸袋里封起来，看不见包装、商标和价格，这样喝，才能看出你品味得如何。中国最差的红酒都包装得很豪华，百分之九十的钱都花在包装上。西方真正的好酒，根本没有这些东西，就是一个瓶子，顶多再用个纸袋子一装。凡是用复杂豪华的皮革袋或精制木盒包装的葡萄酒，都是专门糊弄中国内地消费者的。

懂葡萄酒真是不容易，不要以为掏了大钱就行。中国

刚起步的中产阶级要想学会享用葡萄酒，老实说，还早着呢。这是文化、品位和天分。酒这门艺术，一定不能功利，要慢慢体会。

想真正懂葡萄酒，只有自己去喝，就像体验艺术一样。所谓的学习，都只是学一些基本的葡萄酒礼仪常识。如同欣赏音乐，要天天去听，同样一首曲子，由不同的人弹奏，欣赏者的体验是不同的；同样一首曲子，同样一个乐团，每次的演奏也是不一样的。品葡萄酒也是同样的道理，因为它们是不稳定的，所以你每次都有一个感觉——surprise。即便是喝同一种牌子的酒，你依然不知道下一瓶的感觉会是怎样。这就是一种享受音乐的期待心情，就像期待你的梦中情侣。

丁学良爱酒痴语

◎我喜欢喝买不到的酒。

◎我天天都喝酒，但一年最多会醉一次。

◎酒是有个性的。

◎没有陈年好酒，难有经典言论。

◎葡萄酒是艺术，一定不能功利，要慢慢体会。

◎葡萄酒的最高境界就是音乐的境界，连绘画都不能比。

◎酒是有生命的，而且生命之丰富、细腻，只能跟古典音乐比。